高温合金管材挤压成形理论与应用

王忠堂 张士宏 程 明 等著

Theory and application of extrusion forming of

SUPERALLOY TUBE

化学工业出版社

·北京·

内 容 简 介

《高温合金管材挤压成形理论与应用》共分 7 章，内容包括高温合金特殊处理特性、高温合金热压缩变形晶界取向规律、高温合金热变形本构方程、高温合金热变形组织演变模型、高温合金管材热挤压变形多场耦合模拟、高温合金管材挤压动态再结晶规律、高温合金管材挤压技术应用。书中理论与实际应用相结合，运用大量图表讲解，形象直观。

本书可作为相关工程技术人员、科研人员用书，也可作为高等院校教材。

图书在版编目（CIP）数据

高温合金管材挤压成形理论与应用/王忠堂等著. —
北京：化学工业出版社，2022.4
ISBN 978-7-122-40693-4

Ⅰ.①高… Ⅱ.①王… Ⅲ.①耐热合金-管材轧制-
研究 Ⅳ.①TG337.1

中国版本图书馆 CIP 数据核字（2022）第 023560 号

责任编辑：韩庆利	文字编辑：段曰超 师明远
责任校对：田睿涵	装帧设计：刘丽华

出版发行：化学工业出版社（北京市东城区青年湖南街 13 号 邮政编码 100011）
印 装：天津盛通数码科技有限公司
787mm×1092mm 1/16 印张 10¾ 字数 246 千字 2022 年 6 月北京第 1 版第 1 次印刷

购书咨询：010-64518888 售后服务：010-64518899
网 址：http://www.cip.com.cn

凡购买本书，如有缺损质量问题，本社销售中心负责调换。

定 价：69.00 元

前言

高温合金在 760~1500℃ 范围内，具有很好的高温强度、抗氧化、抗热腐蚀、抗疲劳、断裂韧性等综合性能。高温合金管材广泛应用于航空航天、航海舰艇和工业用燃气轮机燃烧室等高温环境，以及用于制造航天飞行器、火箭发动机、核反应堆、石油化工设备等能源转换装置。

挤压成形方法是加工高温合金管材最有效的技术。在管材热挤压加工过程中，由于挤压坯料被加热到再结晶温度以上，材料发生了动态再结晶，材料的组织性能得到改善，提高了金属材料塑性，降低了变形抗力。此外，由于变形区金属的应力状态属于三向压缩应力状态，有利于提高难变形材料的塑性成形性能。因此，管材挤压成形技术可以显著改善高温合金管材的组织性能和力学性能，能够获得较高的尺寸精度和表面光洁度，可以有效提高材料利用率和生产效率、降低生产成本等。由于镍基高温合金材料强度高、流动性差，因此，在采用挤压方法加工镍基高温合金管材时，必须合理设计挤压模具结构和挤压工艺参数，必须采用特殊专用玻璃润滑剂，以提高材料流动性，降低挤压力，延长模具寿命，提高产品质量。

本书是著者多年来取得的研究成果、发表的论文、研究报告等的汇集、整理，以飨读者。

本书由沈阳理工大学王忠堂统稿，与中国科学院金属研究所张士宏和程明、有研科技集团有限公司李德富、沈阳工学院王羚伊共同完成。王忠堂完成了第 1 章、第 2 章、第 4 章、第 6 章撰写工作，王忠堂、张士宏、程明、李德富完成了第 3 章和第 7 章的撰写工作，王羚伊完成了第 5 章的撰写工作。

本书所涉及的科学研究工作得到国家自然科学基金委员会的资助，在此表示衷心感谢。

由于著者水平有限，书中不足之处在所难免，望读者批评指正。

著　者

目录

高温合金特殊处理特性

1.1 高温合金性能

(1) 高温合金分类与发展

按照使用温度不同，高温合金材料一般分为三种类型，即 760℃ 高温合金材料、1200℃ 高温合金材料和 1500℃ 高温合金材料，抗拉强度保持在 800MPa。高温金属材料在 760～1500℃ 范围内，一定载荷条件下可以长期稳定工作，具有很好的高温强度、抗氧化性能、抗热腐蚀性能、疲劳性能、断裂韧性等综合性能，广泛应用于航空航天、航海舰艇和工业用燃气轮机的涡轮叶片、导向叶片、涡轮盘、高压压气机盘和燃烧室等高温环境部件，以及用于制造航天飞行器、火箭发动机、核反应堆、石油化工设备以及煤的转化等能源转换装置[1,2]。

对于 760℃ 高温合金材料，如果按照基体元素不同主要可分为铁基高温合金、镍基高温合金和钴基高温合金。如果按照制备工艺不同可分为变形高温合金、铸造高温合金和粉末冶金高温合金。如果按强化方式不同可以分为固溶强化型、沉淀强化型、氧化物弥散强化型和纤维强化型等高温合金。1200℃ 高温合金材料和 1500℃ 高温合金材料目前中国还没有使用实例[3]。对 760℃ 高温合金材料的研制始于 20 世纪 30 年代，西方发达国家最早开始研究高温合金材料，并成功应用于新型航空发动机。典型的高温合金包括美国研制的 Inconel 镍基高温合金，用以制作喷气发动机的燃烧室[4]。此后，科学家在镍基合金中加入钨、钼、钴等元素，增加铝、钛含量，研制出了一系列性能更优的高温合金材料，如英国的 Nimonic 系列，美国的 Mar-M 和 IN 等系列。在钴基合金中，加入镍、钨等元素，研制出多种优质高温合金材料，如 X-45、HA-188、FSX-414 等系列[5]。由于钴资源缺乏，因此，钴基高温合金材料的研制与发展受到一定限制。

在 20 世纪 50 年代，出现 A-286 和 Incoloy901 等牌号高温合金材料，但因高温稳定性较差，未得到进一步发展和应用。苏联研制出的 ЭИ 系列镍基高温合金材料、ЭП 系列变形高温合金材料和 ЖС 系列铸造高温合金材料等都得到广泛应用[3]。

中国从 1956 年开始研制高温合金材料，逐渐研制成功 GH 系列的变形高温合金和 K 系列的铸造高温合金。如固溶强化型铁基合金包括 GH1015、GH1035、GH1040、

GH1131、GH1140，时效硬化性铁基合金包括 GH2018、GH2036、GH2038、GH2130、GH2132、GH2135、GH2136、GH2302、GH2696，固溶强化型镍基合金包括 GH3030、GH3039、GH3044、GH3028、GH3128、GH3536、GH605、GH600，时效硬化型镍基合金包括 GH4033、GH4037、GH4043、GH4049、GH4133 等[3]。

在 20 世纪 70 年代，美国科学家研制出定向结晶叶片、粉末冶金涡轮盘、单晶叶片等高温合金部件，有效提高了航空发动机涡轮工作性能。IN690 高温合金是一种奥氏体型镍基合金，其含铬量为 30%，化学成分见表 1.1。

⊡ 表 1.1 IN690 高温合金化学成分（质量分数） 单位：%

元素	C	Si	Mn	S	Cr	Fe	Cu	Ni
含量	≤0.05	≤0.50	≤0.50	≤0.015	27.0～31.0	7.0～11.0	≤0.50	余量

（2）高温合金物理性能

IN690 高温合金材料与工模具之间的接触换热系数为 $30W \cdot mm^2/K$，材料自由面传热系数为 $0.35W \cdot mm^2/K$。在计算机仿真研究时，考虑到实际挤压时采用玻璃润滑剂，将挤压筒内壁和模具工作带部分均选用库仑剪切摩擦模型，摩擦因子为 0.2。IN690 高温合金的比热容和热导率与温度的关系见表 1.2、表 1.3。

⊡ 表 1.2 IN690 比热容

温度/℃	23.9	94	204.5	426.7	537.8	871.1	982.2	1093
比热容/[kJ/(kg·K)]	4.48	4.69	4.98	5.28	5.57	6.78	7.08	7.37

⊡ 表 1.3 IN690 热导率

温度/℃	94	204.5	315.6	426.7	537.8	648.9	760	982.2
热导率/[W/(m·K)]	454.1	522.5	595.7	664	737	805.6	874	1001

（3）高温合金的塑性成形特点

高温合金特有的合金成分和微观组织结构决定了其热成形工艺有别于其他普通材料，具有如下成形特点。

① 塑性低，高温合金由于合金化程度很高，因此工艺塑性较低，特别是在高温下具有组织的多相性且相成分含有 S、Pb、Sn 等杂质元素，往往削弱了晶粒间的结合力而引起塑性降低。另外，高温合金的工艺性对变形速度和应力状态很敏感。

② 变形抗力大，由于高温合金成分复杂，再结晶温度高，在变形温度下具有较高的变形抗力和硬化倾向，变形抗力为普通结构钢的 4～7 倍，并且随着温度的降低其硬化系数比普通钢高很多。

③ 热加工温度范围窄，高温合金与钢相比熔点低，这是因为高温合金中加入了较多的合金元素。另外，高温合金的再结晶温度较高，为了得到均匀的晶粒组织应在再结晶温度以上进行热加工，因此高温合金可进行热加工的温度范围是比较小的。由于热加工范围窄，温度控制较难，温度过高产生过热或过烧等缺陷；温度过低容易产生裂纹或混晶现象。

④ 导热性差，高温合金低温的热导率较碳钢低得多，高温合金在室温升到 700～

800℃具有较小的热导率，所以应缓慢加热到 700~800℃，然后以较快的速度加热到压力加工温度；否则，如果升温过快，会产生较大的热应力，使加热金属处于脆性状态。

⑤ 没有相变和重结晶，高温合金的机体是从低温到高温的奥氏体组织，在加热过程中不产生多晶转变和相的重结晶，一旦形成粗大的组织后不能用相变重结晶的方法进行改善，因此加工再结晶对变形高温合金的显微组织影响甚大，因此高温合金变形工艺参数的选择十分重要。

由上可见，高温合金的锻造性能与合金结构钢截然不同，主要表现在低温区导热性差、塑性性能低，在高温下的变形抗力大、热成形温度范围窄，同时，热成形工艺对高温合金的使用性能影响较大，它们的晶粒不能靠热处理来细化，主要通过热成形工艺来控制组织性能。

1.2　高温合金特殊热处理

IN690 高温合金在经过热加工或长期的高温运行条件下，在晶界附近会出现贫 Cr 问题，从而导致晶间应力腐蚀倾向。为了解决 IN690 高温合金的贫 Cr 问题，人们通过对 IN690 高温合金进行长时间的时效脱敏处理，以使合金基体内过剩的 C 元素迁移到晶界，与 Cr 等元素形成 $M_{23}C_6$ 的同时使晶界附近的贫 Cr 区由晶内的 Cr 扩散补充，用以保持晶界附近区域的 Cr 含量与晶内基本一致。

研究结果表明，IN690 高温合金的特殊热处理（thermal treatment，TT）制度是加热温度略高于 700℃。TT 处理的目的在于改善晶界碳化物的分布，使碳化物在晶界处不连续生成，同时消除晶界处贫 Cr 现象，以提高 IN690 高温合金的耐腐蚀性能，达到强度、塑性、抗腐蚀性能的良好综合性能。

李慧等[6] 研究发现，含有高比例低 Σ 重位点阵（CSL）晶界的镍基 690 合金在 715℃时效过程中，晶界上的碳化物粒子尺寸随 Σ 值降低而减小，共格 Σ3 晶界上的小尺寸碳化物在长时间时效后无明显变化，非共格 Σ3 晶界和 Σ9 晶界附近都观察到板条状碳化物，并随时效时间延长明显长大，非共格 Σ3 晶界两侧都存在碳化物板条，而 Σ9 晶界上的碳化物板条只在晶界一侧生长；Σ27 晶界与一般大角晶界处的碳化物形貌相似，在晶界附近未观察到板条状碳化物。

郝宪朝等[7] 研究发现，在热轧态 IN690 合金中存在的碳化物多数沿晶界长条状分布，少量呈颗粒状分布于晶内，类型为 $M_{23}C_6$。热轧态合金的晶界和晶内碳化物的完全固溶温度分别为 1050℃、1080℃，在低固溶温度下未完全溶解的残余晶界碳化物直接导致后续 TT 处理晶界不再析出碳化物；将合金完全固溶处理后，在后续 TT 处理的晶界上会重新析出细小、半连续的碳化物。

研究表明，IN690 高温合金经 TT 处理后，碳化物优先在晶界位错缠结处形核，并与基体保持着立方-立方的取向关系。在热处理过程中，碳化物形态的变化是正常的热扩散过程引起的。在 1150℃固溶 1h 后，所有的原始碳化物都溶入了基体之中，合金变成了均匀的固溶体。随后的热处理过程中，在晶界上析出了富 Cr 的 $M_{23}C_6$ 型碳化物[8]。由于 C

原子在材料中的扩散比其他合金元素快，假定 C 的活度在整个基体中是均匀的，并且是根据 C 的初始含量和 C 消耗的速率来确定的。由于 Cr 原子是较强碳化物形成元素，碳化物的形成将降低界面 Cr 浓度，而 Cr 元素在基体中的扩散速度远低于碳，从而留下一个陡的 Cr 浓度梯度[9,10]。碳化物形成和 Cr 贫化后，Cr 原子将从基体向碳化物界面扩散，形成"回填"过程。这种热扩散将引起碳化物形态和贫 Cr 曲线的变化，这种演化要持续到游离碳原子消耗完为止，即可以获得的碳浓度要达到溶解度极限为止。这时形成了新的平衡，贫 Cr 区得到缓解[11-14]。

1.3 TT 处理析出碳化物的形态和分布

(1) IN690 合金中 $M_{23}C_6$ 型碳化物的形态和分布

将 IN690 高温合金坯料进行 1150℃＋10min 固溶处理，取出后立即水淬。将固溶后的试样在 650℃、710℃、750℃、800℃下保温 5h、10h、15h、20h。取出后立即水淬。

原始坯料中碳化物的形态和分布如图 1.1 所示。由图谱分析可知，坯料中碳化物多以块状、颗粒形态大量存在于基体内，其含 Cr 元素最高，同时还有 Fe、Ni 等元素。

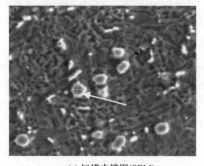
(a) 扫描电镜图(SEM)

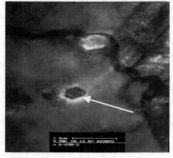
(b) 透射电镜图(TEM)

(c) X射线衍射图谱(XRD)

成分	质量分数/%	原子分数/%
C K	11.69	37.15
Cr K	62.49	45.89
Fe K	4.74	3.24
Ni K	21.08	13.71

(d) 材料成分

图 1.1 原始坯料中碳化物的形态和分布

（2）合金中碳化钛的形态与分布

图1.2所示方块状颗粒为碳化钛。碳化钛颗粒一般可达到微米级，存在于晶界附近，数量较少。

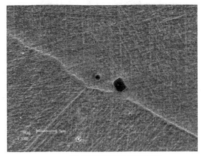

(a) 碳化钛SEM形貌图

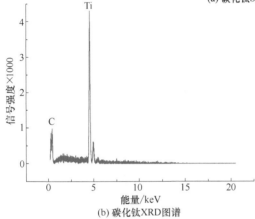

(b) 碳化钛XRD图谱

成分	质量分数/%	原子分数/%
C K	4.601	12.692
N K	12.738	30.131
Ti K	82.661	57.177
总量	100.0	100.0

(c) 材料成分

图1.2 合金中碳化钛的形态与分布

图1.3为TT处理晶界形貌SEM图。由时效处理后的SEM图可知，碳化物析出主要存在晶界处和晶内两种形式。在晶界处是以细小连续形态分布，在晶内主要以球状颗粒存在。经研究表明，碳化物分布形态极大地影响了IN690高温合金管材的晶间抗腐蚀性能。所以研究碳化物在挤压变形和热处理过程中的形态分布演变成为重点。时效处理650℃×5h，从图1.4（c）中可以看出沿晶界处析出细小大量的碳化物。析出碳化物的SAD图分析碳化物结构为面心立方体结构，其中Cr占85%以上。一般认为其结构为$Cr_{23}C_6$，其晶格常数为1.06nm，约为基体的3

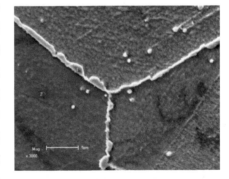

图1.3 TT处理晶界形貌SEM图

倍。晶内也可以看到许多细小的碳化物颗粒，其存在有助于控制晶粒的长大和增强基体的力学性能。

（3）时效处理时碳化物形貌变化规律

时效处理时的时效温度和时效时间对碳化物形貌具有明显的影响。图1.5为TT处理750℃、时效时间不同时的碳化物析出规律。可知，随着时效时间的延长，碳化物沿晶界

(a) $M_{23}C_6$ 碳化物TEM形貌

(b) $M_{23}C_6$ 碳化物衍射斑

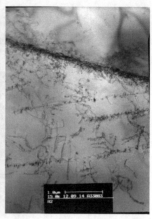

(c) $M_{23}C_6$ 碳化物低倍TEM形貌

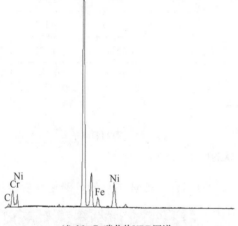

(d) $M_{23}C_6$ 碳化物XRD图谱

成分	质量分数/%	原子分数/%
C K	1.4	5.7
Cr K	85.4	82.8
Fe K	3.6	3.2
Ni K	9.7	8.3
总量	100.0	100.0

(e) 材料成分

图 1.4 $M_{23}C_6$ 碳化物形态与分布

析出颗粒逐渐粗化。保温时间 5h 时碳化物在晶界处细小，与晶内基体连成一片。保温时间 10h 时碳化物开始长大，并单独呈颗粒状，并向基体一侧扩散形核出现多重排列现象。保温时间 15～20h 时颗粒直径变大，碳化物粗化，并且晶内的碳化物溶解。保温时间 20h 时碳化物沿晶界呈不连续状析出。分析可知，碳化物在 750℃ 时效期间，开始碳化物以细小颗粒析出，随着时间的增加，基体内碳元素供应充足。向晶界处扩散，碳化物继续成长，并且在向晶内一侧扩散形核，形成多重排列。此时碳化物主要以 $Cr_{23}C_6$ 为主，晶界处出现贫 Cr 现象。这时 IN690 高温合金耐腐蚀性大大下降。在保温时间 20h 时晶内的碳化物溶解消失，晶界处贫 Cr 开始恢复。碳元素得以释放，晶界处原有碳化物继续长大。此时有效缓解了晶界处贫 Cr 现象，并出现碳化物的不连续排列。有研究表明，此状态下 IN690 高温合金抗腐蚀性能会大大增强。

图 1.6 为 TT 处理在时效时间为 20h，而时效温度不同时的碳化物析出规律。分析可知，随时效温度的升高，碳化物沿晶界析出由原先的连续成片状演变为单列颗粒状。650℃

(a) 保温5h

(b) 保温10h

(c) 保温15h

(d) 保温20h

图 1.5 TT 处理 750℃不同时效时间碳化物析出规律

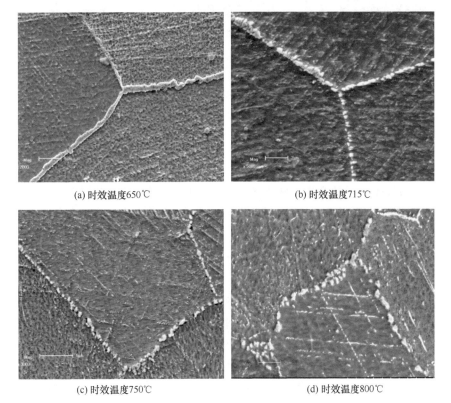

(a) 时效温度650℃

(b) 时效温度715℃

(c) 时效温度750℃

(d) 时效温度800℃

图 1.6 TT 处理在 20h 不同温度下碳化物析出规律

时颗粒多重排列长大，715℃转变为单列排列。在 750℃、800℃时，碳化物颗粒粗大，颗粒间距增大。有研究表明，Ti 更容易跟 C 结合形成颗粒状碳化物，导致颗粒间距增大。

时效温度为 650℃时碳化物在紧靠晶界处的晶粒基体中形核较为容易。研究表明，与基体共格的方式形核比在原子排列较混乱的晶界上形核容易。时效温度较低时，溶质沿晶界扩散速度大于晶内，因而在最靠近晶界处形核。此后则沿晶界方向溶质供给充分，并向晶内方向扩散，从而看起来如同在晶界形核。当时效温度升高后，溶质向晶内扩散迅速，足以满足碳化物在晶界附近的晶内位错处形核的溶质要求。图 1.7 中碳化物呈现球状和颗粒状，证明溶质在晶内的扩散在碳化物形核与长大过程中占有了重要地位。由于晶界两侧的晶内位错处都满足形核条件，所以时效温度为 650℃时出现了碳化物在晶界两侧形核的现象。

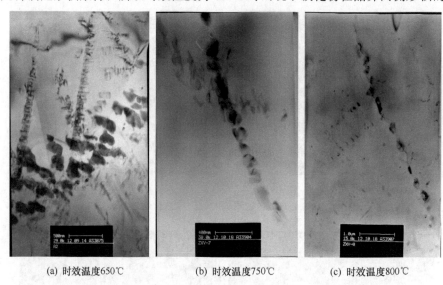

(a) 时效温度650℃　　　　(b) 时效温度750℃　　　　(c) 时效温度800℃

图 1.7　TT 处理在 20h 不同温度下碳化物析出 TEM 图

1.4　孪晶晶界碳化物的析出

由于 IN690 高温合金为低层错面心立方体结构，变形时滑移系开动较少，主要为孪生变形，因而有较多的孪晶产生。图 1.8 为 TT 处理 750℃×5h 的 SEM 孪晶图，可以看出，碳化物只在孪晶端头析出。孪晶端头的非共格晶界上能量较大，基体 C 浓度扩散充足，因而形核较为容易。析出的碳化物与晶界一侧基体平行。已研究表明此孪晶晶界为 Σ3 重位点阵，碳化物可以从晶界处向两侧生长，碳化物一般为细小棒状；同时，发生腐蚀的程度远轻于晶界处。

但是，实验观察到的形貌，说明除了界面能的因素还会有其他因素影响碳化物的生长形貌。一般原子扩散穿越共格界面要比穿越非格界面困难，所以碳化物向着非共格取向的晶粒中生长更快一些。这些因素导致了碳化物在孪晶端头非共格界面上形核生长。

依据文献，晶界碳化物可分为不连续、半连续和连续型。半连续型碳化物主要出现在 (715~750℃)×15h 范围内。连续型出现在 650℃热处理范围内。此时，碳的过饱和度高，合金碳化物形核位置多。因此在晶界两侧共同形核，从而使得 Cr 元素与更多的 C 元素形

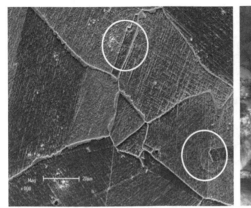

图 1.8 TT 处理 750℃×5h 的 SEM 孪晶图

成碳化物，晶界处贫 Cr 更为严重。高温（800℃）等温处理时，碳的过饱和度小，碳化物形核能力降低，因而生成不连续型碳化物。在 715℃ 和 750℃ 热处理时，存在一定的过饱和度，可在较短的保温时间里析出一定量的晶界碳化物。在此期间内，析出的碳化物不能充分长大，不能完全覆盖晶界，因而出现半连续型分布。半连续型碳化物可以缓解晶界区域的应力，阻碍应力腐蚀裂纹扩展；还可以引起裂纹偏转，起韧化作用。连续型碳化物将导致合金晶界脆性升高，容易使应力腐蚀裂纹扩展；同时 Cr 元素会高度集中在碳化物内，加重晶界附近贫 Cr 程度，降低合金抗应力腐蚀性能。

研究结果表明：①IN690 高温合金经过 TT 处理后，晶界上析出的碳化物均为 $M_{23}C_6$ 型，碳化物优先在晶界位错缠结处形核，形成颗粒状形貌。②随着时效温度的升高由多重排列向单列粗化发展，随时间的延长由细小颗粒向大颗粒转变，形成了不连续状态分布。③在大角度晶界处一侧晶粒的晶面与界面接近平行时碳化物更容易析出，晶界上析出的碳化物总是与同一侧的基体有立方-立方的共格取向关系，碳化物不在孪晶面上析出，但会在孪晶端头的非共格界面上析出。④通过 TT 处理可以控制和调节晶界碳化物的生长和贫 Cr 区的分布。

1.5 碳化物溶解动力学模型

IN690 高温合金在 1000℃ 以上进行热加工时，其微观组织主要为单相奥氏体和未溶碳化物，通过固溶处理实验，分析合金中碳化物的析出与溶解规律，并在已有理论模型的基础上建立了等温条件下的晶粒尺寸数学模型和碳化物溶解动力学数学模型，分析碳化物在固溶处理中对晶粒尺寸的影响规律。

固溶处理的目的之一就是将析出相尽量溶入基体，以得到单奥氏体组织，因此研究析出相的完全溶解温度对研究 IN690 高温合金的固溶处理制度是十分重要的。图 1.9 所示为 IN690 高温合金在不同固溶温度下的微观组织，从图 1.9（a）可以看出，经 1100℃ 固溶处理后，晶内仍有较多的未溶解碳化物。随着固溶温度的升高，析出相继续溶解，晶内碳化物的数量呈下降趋势。当固溶温度达到 1150℃ 及以上温度时，合金中的各种析出相

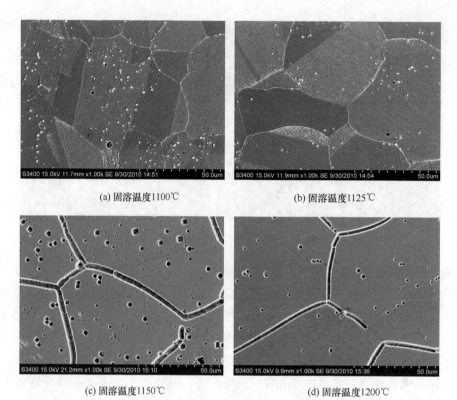

(a) 固溶温度1100℃   (b) 固溶温度1125℃

(c) 固溶温度1150℃   (d) 固溶温度1200℃

图 1.9 固溶温度对 IN690 高温合金的微观组织的影响

已经完全溶解，在扫描电镜下，已经观察不到碳化物存在。因此，碳化物完全溶解的固溶温度为 1150℃ 以上。图 1.10 为 IN690 高温合金碳化物析出量随固溶温度的变化规律，分析可知，随着固溶温度的升高，碳化物析出量随之减少。当固溶处理温度＞1150℃时碳化物含量几乎为零。

蔡大勇等[15] 提出了高温合金中碳化物 δ 相溶解动力学模型公式：

$$\frac{G}{G_0} = \left(1 - \frac{kDt}{r_0}\right)^{3/2} \qquad (1.1)$$

扩散系数（D）：

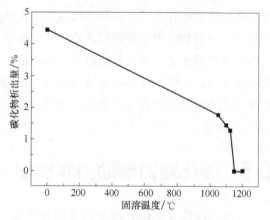

图 1.10 IN690 高温合金碳化物
析出量随固溶温度的变化

$$D = D_0 \exp\left(-\frac{Q}{RT}\right) \qquad (1.2)$$

式中，G 为固溶后碳化物质量分数；G_0 为固溶前碳化物的质量分数；Q 为表观激活能，J/mol；R 为气体常数，其值为 8.314J/(mol·K)；T 为固溶处理温度，K；r_0 为固溶体中球形粒子的半径，mm；t 为固溶处理时间，s；k 为与固溶体中溶质浓度有关的常数；D 为扩散系数，m^2/s；D_0 为初始扩散系数，m^2/s。

将式 (1.2) 代入式 (1.1)，则有：

$$\ln\left[1-\left(\frac{G}{G_0}\right)^{2/3}\right]=\ln\left(\frac{kt}{r_0^2}\right)+\ln D_0-\frac{Q}{RT} \tag{1.3}$$

简化后的模型：

$$\ln\left[1-\left(\frac{G}{G_0}\right)^{2/3}\right]=\ln(k_1 t)-\frac{Q}{RT} \tag{1.4}$$

$$k_1=\frac{kD_0}{r_0^2} \tag{1.5}$$

由式（1.4）可以得到：

$$\frac{Q}{R}=-\frac{\partial\left\{\ln\left[1-(G/G_0)^{2/3}\right]\right\}}{\partial(1/T)} \tag{1.6}$$

由式（1.6）可以看出，假定在一定的温度和时间范围内表观激活能 Q 为定值，则相同时间内 $\ln\left[1-(G/G_0)^{2/3}\right]-1/T$ 成线性关系，如图 1.11 所示。

根据式（1.6）和图 1.11 的实验数据，可以得到表观激活能 Q，$Q=324090\text{J/mol}$，即在 $1000\sim1200℃$ 范围内碳化物溶解的表观激活能为 324090J/mol。

因此，得到 IN690 高温合金中碳化物的溶解动力学模型公式：

$$\frac{G}{G_0}=\left[1-\frac{kDt}{r_0}D_0\exp\left(-\frac{Q}{RT}\right)\right]^{2/3} \tag{1.7}$$

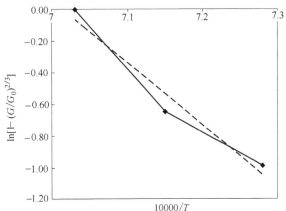

图 1.11　$\ln\left[1-(G/G_0)^{2/3}\right]-1/T$ 关系曲线

研究结果表明：①含碳 0.038% 的高温合金 IN690 在不同固溶处理制度下晶粒随固溶温度的升高而长大；碳化物含量随固溶温度的升高而减少，碳化物完全固溶温度为 1150℃。②通过分析不同固溶温度下晶粒的变化和碳化物含量结果，当碳化物存在于晶界处时，晶粒长大缓慢；当碳化物完全固溶后，晶粒迅速长大。其原因在于碳化物存在于晶界处有钉扎作用，因而对晶粒的长大均匀性有重大影响。③在固溶处理制度中，加热温度是影响晶粒长大的关键因素，随着固溶温度的升高，晶粒尺寸在逐渐增大。④在碳化物溶解温度附近固溶时，由于碳化物分布不均匀将导致溶解不均匀，出现二次再结晶，引起晶粒异常长大。晶粒异常长大是高温合金晶粒度控制中急需解决的问题。因此碳化物的变化规律对晶粒组织均匀性有重要的影响。⑤IN690 高温合金经过 TT 特殊热处理后，晶界上析出的颗粒状碳化物均为 $M_{23}C_6$ 型，并随着温度的升高呈单列粗化长大，形成了不连续状态分布；碳化物在孪晶端头的非共格界面上析出。⑥当 TT 特殊热处理制度为 $1150℃\times10\text{min}+(715\sim750℃)\times15\text{h}$ 时，碳化物沿晶界呈半连续状态析出，颗粒适中，能很好地缓解晶界贫铬的产生，为生产中解决 IN690 高温合金贫铬提供了合理的 TT 热处理工艺参数。⑦建立了 $1000\sim1200℃$ 范围内碳化物的溶解动力学模型，得出碳化物完全溶解温度在 1150℃ 以上，溶解的表观激活能 $Q=324.09\text{kJ/mol}$。

2

高温合金热压缩变形晶界取向规律

　　IN690 高温合金微观组织的变化不仅影响其力学性能，而且更重要的还影响其耐腐蚀性能。研究表明，合金中的碳化物形貌和分布和特殊类型晶界都是影响其耐腐蚀性能的关键因素。通过压缩实验研究了 IN690 高温合金中碳化物在压缩过程中演变规律和特殊类型晶界变化规律。采用扫描电镜（SEM）、透射电镜（TEM）和电子背散射衍射（EBSD）技术分析碳化物和特殊晶界的分布和形貌。同时分析了在压缩实验中组织发生动态再结晶演变规律。

　　EBSD 是一种可以从扫描电镜中获得试样微区晶而得到晶体学信息的新型技术。当 EBSD 系统中一束电子束入射到倾斜的样品（晶体材料）表面，在荧光屏上会产生背散射电子衍射花样（菊池线花样），利用这种背散射电子衍射花样与晶体的结构和相对于入射电子束的取向有关，EBSD 分析技术可以用来测定微区的晶体取向，测定晶界两侧晶粒的取向差来表征晶界的特性，鉴别不同材料的物相结构以及提供晶体微区应力信息。当电子束以一定的步长沿直线扫描过多晶体样品表面时，通过标定电子背散射菊池线花样获得的晶体学取向信息被逐点记录下来，再通过软件分析重构，就能得到以晶体学取向差成像显微图（orientation imaging microsoopy，OIM）。重构的 OIM 图可以提供晶粒构成的显微形貌，给出晶粒取向分布和晶界结构特征。这一信息也能被用来显示样品中晶体的择优取向（织构）。EBSD 能够完整、定量化地确定样品中以晶体学取向信息为基础的微观结构。

　　晶界工程是 20 世纪 90 年代提出的，其中心思想是在重点阵晶界模型框架内，某些多晶材料总是存在一些其性能或性质有别于一般大角晶界的低 Σ CSL 晶界，这类特殊的晶界要比一般的大角晶界具有更高的晶界失效抗力[16]，根据这一理论，人们通常通过各种手段来增加这种特殊晶界的含量和分布，以达到改善材料性能的效果。低 Σ CSL（CSL 是 "coincidence site lattice" 的缩写，即重位点阵）晶界与随机晶界相比，有更好的抗晶界偏聚性能，耐腐蚀性能，抗蠕变性能，以及抗开裂性能等[17]。Σ 值代表重位点阵的重合度，低 Σ 指 $\Sigma \leqslant 29$。如果能够提高材料中这种晶界的比例，那么材料与晶界相关的性能势必会得到提高[18]。

IN690 高温合金也是一种面心立方低层错能的金属材料，所以期望通过晶界工程的概念，通过改变工艺参数来增加低 ΣCSL 晶界比例来提高其耐腐蚀性能，从而提高其可靠性。Σ3 晶界是指晶粒取向差为＜111＞/60 的晶界，其对应于面心立方体中（111）面与基体的 60°夹角[19]。这也正是退火孪晶与母体晶粒之间的取向差。晶界工程的目的就在于提高退火孪晶的比例来提高与孪晶相关的 $\Sigma 3^n$ 晶界比例，从而达到调整材料晶界特征分布的目的，以此提高 IN690 高温合金相关的力学性能与抗晶间腐蚀的能力[20]。

2.1 热压缩变形时 Σ3 晶界

IN690 高温合金锻棒切成 ϕ6mm×9mm 压缩试样，利用 Gleeble-3800 热模拟实验机在预设的变形温度和应变速率下进行恒温、恒应变速率的压缩实验。升温速率为 5℃/s，到温后保温 3min 开始变形。选择的变形温度分别为 1000℃、1050℃、1100℃、1150℃ 和 1200℃；应变速率分别为 $1s^{-1}$、$10s^{-1}$、$50s^{-1}$、$80s^{-1}$，应变量分别为 0.1、0.3、0.5、0.7、0.9。所有试样变形后进行快速水冷，然后用线切割沿压缩方向从中间剖开试样，制备金相试样，在光学显微镜下观察试样变形后的微观组织；在 20%（体积分数） H_2SO_4 + 80% 甲醇溶液中电解抛光，然后在 LEO-1450 型扫描电镜上进行 EBSD 测试分析。

2.1.1 变形温度对 Σ3 含量的影响

在 1000~1150℃ 范围内，随着变形温度的升高，Σ3 含量随之增加。说明温度的升高促进了更多 Σ3 的产生，从而改变了合金的 Σ3 晶界类型所占比例，提高了其晶界的性能和 IN690 高温合金的耐腐蚀性能。在 1200℃ 时，Σ3 含量急剧减少，分析在于温度的升高，使得晶粒发生长大。当晶粒快速长大时，势必改变周围晶界类型，从而影响 Σ3 类型晶界所占比例。这说明晶界迁移的晶粒长大过程对晶界特征分布是有很大影响的。从图 2.1（i）和图 2.1（j）中，明显可以看到 20°~40°角晶界所占比例极大提高了。也说明晶界在高温高应变下，温度的升高对晶粒的长大的影响较大。可知在较低温的情况下，保持一定的晶粒度和 Σ3 晶界有利于提高合金的力学性能和耐腐蚀性能。

(a) 晶粒取向图(T=1000℃)

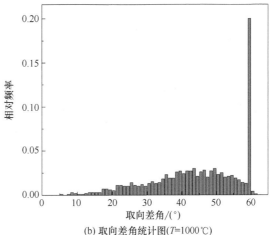

(b) 取向差角统计图(T=1000℃)

图 2.1

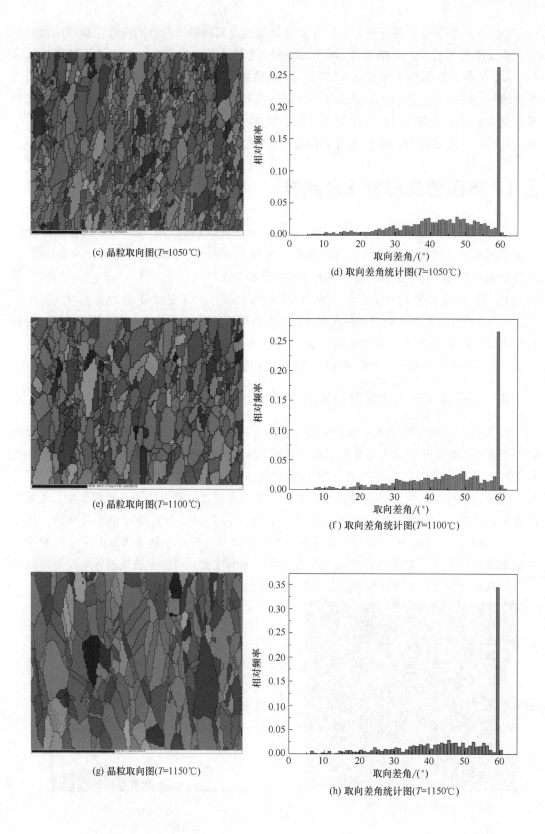

(c) 晶粒取向图(T=1050℃)

(d) 取向差角统计图(T=1050℃)

(e) 晶粒取向图(T=1100℃)

(f) 取向差角统计图(T=1100℃)

(g) 晶粒取向图(T=1150℃)

(h) 取向差角统计图(T=1150℃)

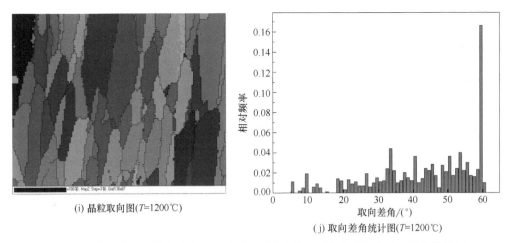

(i) 晶粒取向图(*T*=1200℃)

(j) 取向差角统计图(*T*=1200℃)

图 2.1 应变速率 50s^{-1} 和应变 0.7 时不同温度条件下晶粒取向图和取向差角统计图

2.1.2 变形量对 Σ3 含量的影响

变形速率 10s^{-1}，变形温度 1150℃，在变形量 0.1～0.9 范围内，随着压缩变形量的增大，Σ3 所占比例随之增加。在变形量为 0.5 时达到最大，而后趋于平稳。分析原因在于合金晶粒随着变形量的增大，促使更多的孪生产生。面心立方晶系中（111）面更容易开动，这使得 Σ3 类晶界形成得更多。在变形量 0.5 时 Σ3 类晶界所占晶界比例最大。

IN690 高温合金在温度为 1150℃，应变速度为 10s^{-1} 条件下，不同应变量下的晶粒取向成像如图 2.2 所示。如图 2.2（a）所示晶粒取向差图，可以看出应变诱导大角度晶界迁移使原始大角度晶界呈锯齿状弓出，表明合金在变形过程中发生了不连续动态再结晶。随着变形量的增大，原始晶粒周围出现再结晶晶粒，同时大角晶界也出现增多。当变形量达到 0.9 时，原始晶粒已经被新的晶粒所取代。因此 IN690 高温合金在高温高速下变形时主要的动态再结晶机制为亚晶直接转变为晶粒的不连续动态再结晶。面心立方体中（111）晶面见图 2.3。

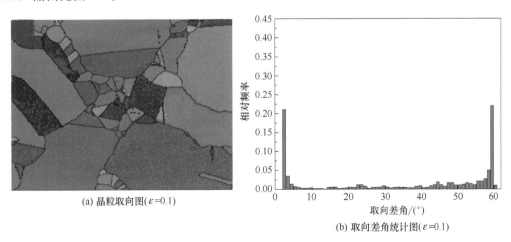

(a) 晶粒取向图(*ε*=0.1)

(b) 取向差角统计图(*ε*=0.1)

图 2.2

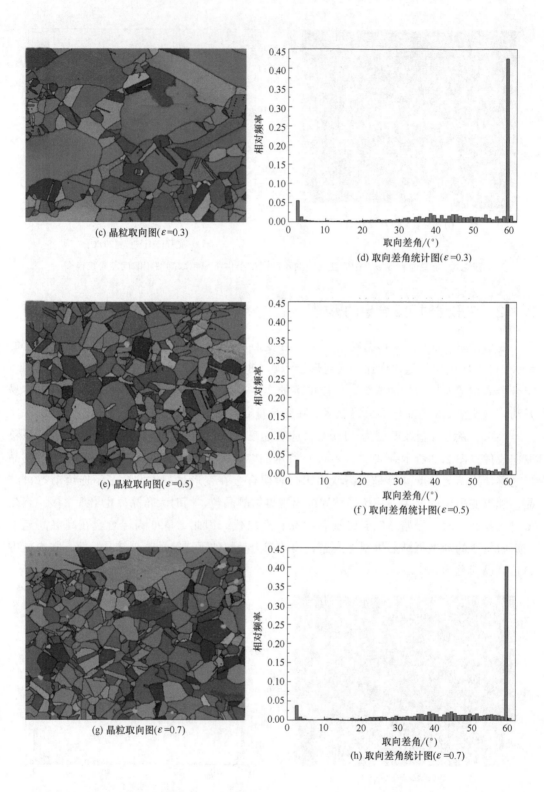

(c) 晶粒取向图(ε=0.3)

(d) 取向差角统计图(ε=0.3)

(e) 晶粒取向图(ε=0.5)

(f) 取向差角统计图(ε=0.5)

(g) 晶粒取向图(ε=0.7)

(h) 取向差角统计图(ε=0.7)

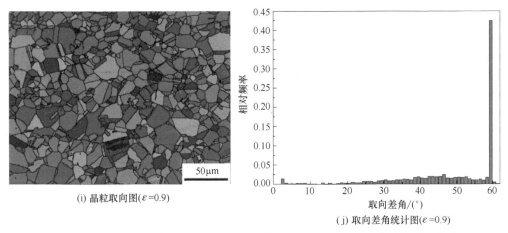

(i) 晶粒取向图(ε=0.9)

相对频率

取向差角/(°)

(j) 取向差角统计图(ε=0.9)

图 2.2 $T=1150℃$ 和应变速率 $10s^{-1}$ 时不同变形量晶粒取向分布图和取向差角统计图

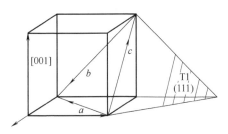

图 2.3 面心立方体中（111）晶面示意图

2.2 热压缩变形时动态再结晶

2.2.1 IN690 高温合金的热变形行为

图 2.4 为 IN690 高温合金在不同温度下变形后的真应力-真应变曲线（$ε=0.9$，$\dot{ε}=10s^{-1}$）。从图 2.4 可以看出，随着应变的增加，应力也在增加，而后达到峰值。此过程是由于塑性变形产生了大量的位错塞积，形成了加工硬化。但随着变形的继续，曲线出现了多个峰值，分析此时是由于材料发生动态再结晶出现了软化，同时又有位错持续产生出现应力回弹。以后曲线趋于平稳，这是加工硬化和动态再结晶软化的动态平衡的结果。图中结果也表明了随着变形温度的升高，变形抗力在减少，这是由于温度的升高，有利于材料的软化。各条曲线的变化规律符合低层错能材料的流变特征，说明了合金在热加工过程中发生了动态再结晶。

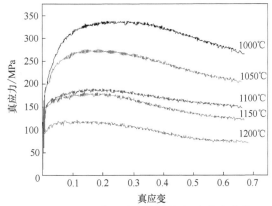

图 2.4 IN690 高温合金的真应力-真应变曲线

2.2.2　IN690 高温合金的微观组织演变

　　IN690 高温合金在温度为 1150℃，应变速率为 $10s^{-1}$ 经过不同变形量变形后的微观组织如图 2.5 所示。从图 2.5（a）可以看出，在变形的初始阶段，原始晶粒的晶界呈锯齿状凸起，锯齿状凸起晶界处形成较小的动态再结晶晶粒，环绕在原始晶粒周围，随着变形量的增大，动态再结晶百分数也逐渐增大，再结晶晶粒增多，变形组织由粗大的原始晶粒和细小的再结晶晶粒组成。随着应变量的增大，应变量达到 0.9 时，动态再结晶过程基本完成，只有极少数未完全再结晶的大晶粒，如图 2.5（e）所示。可以看出，变形量的增大有利于动态再结晶的完成和所占体积分数的增大，且随着变形量的增大，再结晶晶粒的尺寸在减小，即晶粒有细化的趋势，最终的组织为少量没有完全动态再结晶的粗晶与再结晶的小晶粒组成的混晶组织。

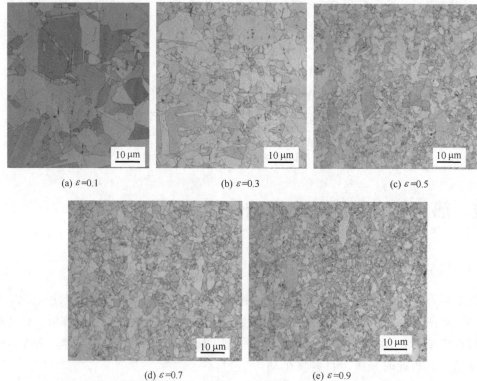

(a) ε=0.1　　　　　(b) ε=0.3　　　　　(c) ε=0.5

(d) ε=0.7　　　　　(e) ε=0.9

图 2.5　IN690 高温合金经 1150℃和应变速率 $10s^{-1}$ 变形后的微观组织

2.2.3　IN690 高温合金的动态再结晶机制

　　动态再结晶分为连续动态再结晶（CDRX）和不连续动态再结晶（DDRX），典型的传统动态再结晶为应变诱导大角度晶界迁移的 DDRX，而通过亚晶界迁移和亚晶转动聚合形核的再结晶为 CDRX。研究发现，亚晶直接转变为晶粒的动态再结晶也是一种 DDRX，其形核过程与 CDRX 类似，从应力应变曲线上看，DDRX 存在多个峰值，应力值有明显的振荡，而 CDRX 则没有这种现象；从微观组织上分析，CDRX 之后的组织包括新晶粒和亚晶，尺寸大小相当，而 DDRX 后新晶粒与亚晶尺寸相差较大。

根据 EBSD 测试结果计算出了 IN690 合金在不同变形条件下的取向差分布，如图 2.6 所示。未完全动态再结晶时，亚晶界（取向差角小于 15°）大量出现，但在不同的动态再结晶体积分数情况下，取向差角在 10°～15° 之间的亚晶界的含量均很小，这表明只有较少的新晶粒是通过亚晶逐渐转动而形成的；完全动态再结晶后，取向差角基本为大角度晶界（取向差角大于 15°）。晶粒内部也出现一些孪晶界，但在整个过程中孪晶界增加幅度远远没有大角晶界增加幅度大。因此在 IN690 合金热变形的过程中不连续动态再结晶（DDRX）机制起主要作用，而连续动态再结晶（CDRX）机制起辅助作用。

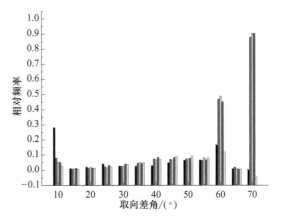

图 2.6 IN690 高温合金在不同真应变下取向差角分布

注：每一取向差角处五条柱从左到右分别表示

$\varepsilon=0.1, 0.3, 0.5, 0.7, 0.9$ 的情况

对在温度为 1150℃，应变速率 $10s^{-1}$ 条件下的 IN690 高温合金试样进行了 TEM 分析，如图 2.7 所示，当应变量达到 0.7 时，再结晶晶粒内部存在大量的位错，如图 2.7 (a) 所示，进一步的观察发现，再结晶晶粒内部存在着许多胞状的亚结构，如图 2.7 (b) 所示，在变形过程中再结晶晶粒内部的亚晶会直接转变为晶粒，从而使晶粒显著细化。

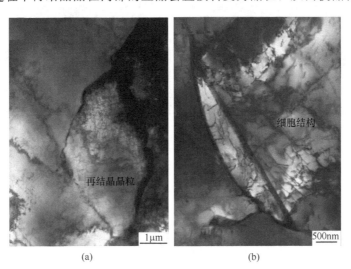

图 2.7 IN690 高温合金变形后的 TEM 图

2.3 热压缩变形时碳化物析出

2.3.1 变形温度对碳化物析出的影响

图 2.8 为压缩过程中碳化物随变形温度和变形速率的变化规律。在相同应变速率

$80s^{-1}$下，随着温度升高，晶内碳化物逐渐溶解变少；晶界碳化物析出越来越明显。在1200℃时晶粒均匀，碳化物沿晶界不连续均匀分布。有研究分析表明：挤压变形过程中碳化物向晶界处转移。因而碳化物的存在限制着晶粒的长大速度使其更加均匀，同时为后续的热处理碳化物析出提供了形核位置，从而使得管材的组织性能和抗腐蚀性能有很大的提高。

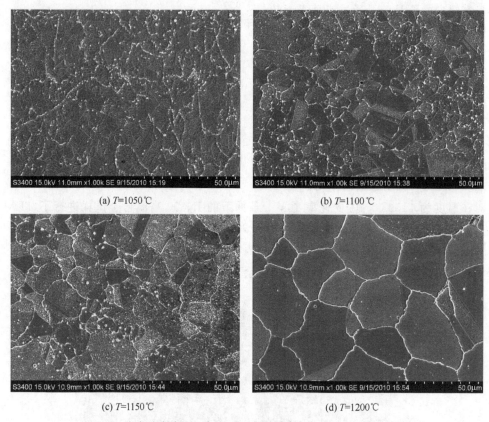

(a) T=1050℃

(b) T=1100℃

(c) T=1150℃

(d) T=1200℃

图 2.8 应变速率为 $80s^{-1}$ 时不同变形温度条件下的压缩微观组织

2.3.2 变形速率对碳化物析出的影响

压缩变形温度为 1200℃ 时，不同应变速率下的压缩微观组织见图 2.9，在等温 1200℃ 条件下，随着变形速率的升高，晶粒变小变均匀，同时碳化物沿晶界均匀析出。在变形速率 $80s^{-1}$ 时晶粒更加均匀。碳化物由于压缩变形向晶界处转移、聚集，形成不连续的细小分布。碳化物在晶界处的钉扎作用限制了晶粒的快速长大，使晶粒的均匀性更好。

研究表明，碳化物偏聚是由于晶界处大量的位错和空位等缺陷，且晶界原子无序排列，具有较高的界面能，为碳化物提供便利的形核位置；压缩变形产生的变形热，使坯料温度升高，有利于碳元素快速扩散并偏聚于晶界附近的缺陷处，与 Cr、Ni、Fe 等元素结合，在晶界处析出并长大以降低系统能量。因而在晶界处形成不连续分布，尺寸较小，有效增强了材料的晶间抗腐蚀能力。

研究结果表明：①在变形温度 1000～1200℃，变形量 0.1～0.9 范围内，变形温度

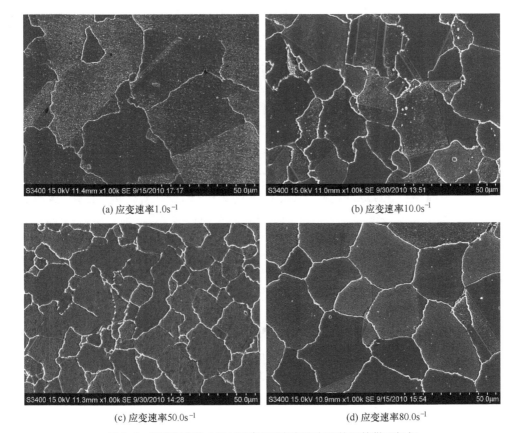

(a) 应变速率1.0s⁻¹

(b) 应变速率10.0s⁻¹

(c) 应变速率50.0s⁻¹

(d) 应变速率80.0s⁻¹

图 2.9 变形温度为 1200℃时不同应变速率下的压缩微观组织

1150℃、变形量 0.5 时，Σ3 类型晶界所占比例最大，这有利于提高 IN690 高温合金的晶间耐腐蚀性能。②压缩实验结果表明，随着压缩变形温度的升高，晶内碳化物逐步溶解，并向晶界处转移。随着变形速率增大，碳化物沿晶界不连续析出。在变形速率为 1～80s⁻¹ 和变形温度 1050～1200℃条件下，变形速率为 80s⁻¹，变形温度 1200℃晶粒更加均匀。③从晶界工程角度考虑优化挤压工艺参数，则采用 1150℃、变形量 0.5；从晶间碳化物分布和晶粒组织均匀性来看，变形速率为 80s⁻¹，变形温度 1200℃晶粒细小且分布均匀。④压缩变形温度的升高、变形速率的增大和变形程度的增大，都可以促进特殊晶界 Σ3 晶界所占比例升高。

3

高温合金热变形本构方程

3.1 材料本构方程一般形式

流变应力是表征材料塑性变形性能的重要力学参量。在实际塑性变形过程中，材料的流变应力值决定了变形时所需施加的载荷和所需消耗的能量。所谓材料本构方程，是指材料流变应力与变形温度、应变速率和应变等热变形工艺参数之间的数学关系模型，它是表征材料变形过程中的力学特征的重要理论模型。材料本构方程是塑性变形过程数值模拟和模具设计的重要理论模型，准确的本构方程是提高塑性变形过程计算机仿真的计算精度的重要理论基础，将直接影响模具设计精度、塑性加工工艺参数制定的准确度。唯像型本构方程是建立在大量的实验观测数据基础之上，通过对实验数据进行数学分析和处理，确定处理本构方程。

在实际塑性加工变形过程中，材料的流变应力与变形温度、变形程度和变形速率有关，即

$$\sigma = f(\varepsilon, \dot{\varepsilon}, T)$$

Fields 等[21] 提出了一个考虑应变和应变速率的材料本构关系模型，见式（3.1）。

$$\sigma = K\varepsilon^n (\dot{\varepsilon}/\dot{\varepsilon}_0)^m \tag{3.1}$$

$$n = \left(\frac{\partial \ln\sigma}{\partial \ln\varepsilon}\right)_{\dot{\varepsilon}, T}, m = \left(\frac{\partial \ln\sigma}{\partial \ln\varepsilon}\right)_{\varepsilon, T}$$

式中，σ 为流变应力，MPa；ε 为真应变；n 为应变硬化指数；m 为应变速率敏感系数；K 为拉压实验中的塑性模量；$\dot{\varepsilon}$ 为应变速率，s^{-1}。

Takuda 等[22] 提出了考虑应变、应变速率和变形温度的材料本构关系模型，见式（3.2）。

$$\sigma = K(T)\varepsilon^{n(\dot{\varepsilon}, T)} (\dot{\varepsilon}/\dot{\varepsilon}_0)^{m(T)} \tag{3.2}$$

上式在应变范围 0.05～0.7，应变速率 0.01～1s^{-1}，变形温度 433～573K 的条件下应用。

Johnson 等[23] 考虑大变形、高应变速率以及高温变形条件，提出了一种材料本构关

系模型，见式（3.3）。

$$\sigma=(A+B\varepsilon^{n})(1+C\ln\dot{\varepsilon})(1-C_{T}^{m}) \tag{3.3}$$

式中，$C_{T}=(T-T_{r})/(T_{m}-T_{r})$，为变形温度系数（无量纲）；$T$ 为变形温度，K；T_{r} 为参考温度，K；T_{m} 为熔点温度，K；A，B，C，n 和 m 为待定参数。

Sellars 等[24] 提出了一种包含变形激活能 Q、变形温度 T、应变速率的双曲线正弦形式的材料本构方程，见式（3.4）。

$$\dot{\varepsilon}=A\big[\sinh(\alpha\sigma)\big]^{n}\exp\Big(-\frac{Q}{RT}\Big) \tag{3.4}$$

式中，Q 为变形激活能，与材料有关，J/mol；α 为应力水平参数；n 为应力指数；R 为气体常数，$R=8.314$J/(mol·K)；A 为与材料有关的常数。Q，A，n 与变形温度无关。

式（3.4）的本构关系模型得到了广泛应用，如 SP700 钛合金[25]、Ti-25Nb 钛合金[26]、Ti40 钛合金[27]、TC8 钛合金[28]、Incoloy 800H 高温合金[29]等。

变形温度和变形速率对变形过程的影响，可由 Zener-Hollomon 参数，即 Z 参数来综合表示，见式（3.5）。

$$Z=\dot{\varepsilon}\exp\Big(\frac{Q}{RT}\Big) \tag{3.5}$$

当 $\alpha\sigma\leqslant0.5$ 时，根据式（3.4），得到：

$$\dot{\varepsilon}=A_{1}\sigma^{n}\exp\Big(-\frac{Q}{RT}\Big) \tag{3.6}$$

当 $\alpha\sigma\geqslant2.0$ 时，根据式（3.4），得到：

$$\dot{\varepsilon}=A_{2}\exp(\alpha n\sigma)\exp\Big(-\frac{Q}{RT}\Big) \tag{3.7}$$

将式（3.4）、式（3.6）、式（3.7）整理，得到材料本构方程，见式（3.8）。

$$\left.\begin{aligned}\dot{\varepsilon}&=A_{1}\sigma^{n}\exp\Big(-\frac{Q}{RT}\Big) && \text{当 } \alpha\sigma\leqslant0.5\\ \dot{\varepsilon}&=A_{2}\exp(\alpha n\sigma)\exp\Big(-\frac{Q}{RT}\Big) && \text{当 } \alpha\sigma\geqslant2.0\\ \dot{\varepsilon}&=A\big[\sinh(\alpha\sigma)\big]^{n}\exp\Big(-\frac{Q}{RT}\Big) && \text{所有值}\end{aligned}\right\} \tag{3.8}$$

式中，$A_{1}=A\alpha^{n}$，$A_{2}=A/2^{n}$。

在变形温度不变的条件下，Q，T，A 均是常数，根据式（3.8）可以确定 n 和 α 的计算公式，见式（3.9）和式（3.10）。

$$n=\frac{\partial\ln\dot{\varepsilon}}{\partial\ln\sigma} \tag{3.9}$$

$$\alpha=\frac{1}{n}\times\frac{\partial\ln\dot{\varepsilon}}{\partial\sigma} \tag{3.10}$$

在变形温度变化的条件下，Q 随变形温度的变化而变化，系数 α，n，A 均是常数，根据式（3.8）可以得到 Q 的计算式，见式（3.11）。

$$Q = Rn \frac{\mathrm{d}\{\ln[\sinh(\alpha\sigma)]\}}{\mathrm{d}(1/T)} \tag{3.11}$$

根据材料真应力-真应变曲线，以及式（3.9）～式（3.11），即可求式（3.8）中的系数 n，α，Q，A 的值，因此，即可确定材料本构方程。

3.2 高温合金热变形应力-应变曲线

3.2.1 真应力-真应变曲线

为了消除高温合金 IN690 中的析出相，首先对坯料进行加热温度 1150℃和保温时间 5min 的固溶处理。然后，利用热模拟实验机，在预设的变形温度和应变速率条件下进行恒温、恒应变速率压缩实验。加热升温速率为 5℃/s，到达预定变形温度后保温 3min，然后开始压缩变形。选择的变形温度分别为 1000℃、1050℃、1100℃、1150℃和 1200℃；应变速率分别为 1s⁻¹、10s⁻¹、50s⁻¹、80s⁻¹，最大变形量 70％。

图 3.1 为 IN690 高温合金真应力-真应变曲线。分析可知，在变形的开始阶段，IN690 的流动应力随应变量的增加迅速增大，这主要是由于在热压缩过程中发生的动态回复较迟缓，此时加工硬化对合金的影响占主导地位，动态回复不足以完全消除加工硬化；但是随着应变的增加，曲线出现了软化的特征。这主要是因为发生了动态再结晶，动态软化抵消了加工硬化。而此时动态回复虽然不充分，也比较缓慢，但仍然在进行，也能起到软化作用。应力在很小的变形条件下瞬间变大，从侧面反映高温合金强硬度的特性。

在较低变形温度（如 1000℃和 1050℃）时，合金在不同应变速率下的真应力-真应变曲线变化规律很相似，即在变形的初始阶段，合金发生明显的加工硬化效应，流动应力随应变增加而急剧增大，在很小的应变条件下，流动应力达到峰值；而后出现动态再结晶现象，软化现象非常明显，流动应力达到峰值过后，流动应力逐渐趋于平缓；在较高的变形温度（如 1150～1200℃）时，当流动应力达到最大值后，下降趋势减缓。可以发现，流动应力曲线随着变形温度的增加而有较大幅度的下降。随着应变速率的增加，流动应力逐渐增大，其原因是在高速变形条件下，热变形产生的热效应使合金内部变形温度升高，从而使发生动态再结晶所需要的临界应变降低，在较小的变形量下就可以积累足够的畸变能，提供再结晶所需的驱动力，而发生动态再结晶后，几乎消耗了全部的变形储能，应力值下降，因此要发生下一轮的再结晶，就要再次积累足够的位错密度，在此过程中，加工硬化迅速攀升，软化效果不足以抵消加工硬化从而在曲线上表现为上下波动；也可能是因为在高速下动态再结晶的速度加快，此时动态软化的作用远大于加工硬化，应力值开始下降，而当这部分晶粒的再结晶过程完成的时候，加工硬化又起主要作用，应力迅速增大，如此反复进行，因此在应力-应变曲线上就表现为明显的波动。

可以发现，合金的应力-应变行为表现出先硬化后软化的趋势。材料的应力-应变曲线是其微观组织结构变化的宏观表现，起始阶段的加工硬化是位错滑动、位错密度迅速增加并发生位错交互作用的结果。此后的软化是因为发生了动态回复和再结晶减小了位错密度，从而降低了流变应力。即变形量很小时，晶粒内位错分布相对均匀。随着变形的增加，一些位错互相缠结。继续变形时，在缠结处的位错愈来愈多，愈来愈密，最后形成胞状组织即亚晶粒。形成胞状组织的位错继续运动变得更加困难。同时，胞状组织边界也变成了其他可动位错经过它们的运动障碍。金属的主要软化机制是位错交滑移和攀移。通过位错的交滑移和攀移使晶粒产生一定量的变形，从而使金属在宏观上发生塑性变形。在过渡变形阶段，位错的滑移和攀移所引起的软化不足以补偿由位错密度增加带来的硬化，因此真应力值随应变量的增加而增大。随着变形量的增加金属内部畸变能不断升高，达到一定的程度后将发生动态再结晶。动态再结晶的发生与发展使得更多的位错消失，材料的变形抗力快速下降，随着变形过程继续进行，不断形成再结晶核心，直到完成再结晶。从动态再结晶开始到结束，变形抗力不断下降，形成了应力-应变曲线的软化阶段。

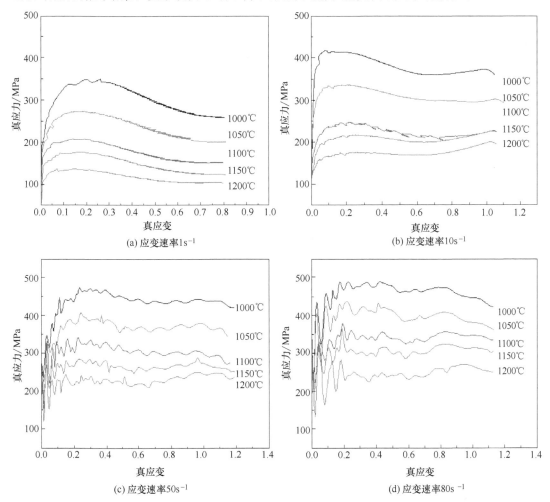

图 3.1　IN690 高温合金的真应力-真应变曲线

3.2.2　工艺参数对真应力-真应变曲线的影响

(1) 应变速率的影响

从图 3.1 还可以发现，IN690 高温合金的流变应力对变形温度和应变速率都很敏感。流变应力与变形温度和应变速率有关。随着变形温度的升高，位错相消率增加，因而软化率增加，流变应力降低。在同样的应变速率下，随变形温度的升高，合金的流变应力降低。而在同样的变形温度下，合金的流变应力随应变速率的增加而升高。如在 1020℃ 变形时，应变速率由 $0.001s^{-1}$，提高到 $1s^{-1}$ 时，合金的峰值应力由 103MPa 提高到 296MPa，说明 IN690 合金为正应变速率敏感材料。

随变形温度的升高和应变速率的降低，基体中的原子活动能力增强，原子间的结合力降低，更多的滑移系得以启动，刃型位错的攀移得以充分进行，造成位错间的相互销毁更加明显，使位错密度大大减小，从而增大了合金的软化程度，因此进入稳态变形阶段的应变值相应地降低，且稳态流变应力也相应地减小。

材料在一定变形温度、应变速率和应变条件下的屈服极限称为流变应力。热变形的流变应力是材料在高温变形条件下的力学性能指标之一，在合金化学成分和内部结构一定的情况下，流变应力受变形温度、应变速率等外部条件的影响明显，是变形过程中金属内部显微组织演化和性能变化的综合反映。

应变速率对流动应力的影响也是很明显，主要取决于在塑性变形过程中，金属内部所发生的硬化与软化现象统一的结果。当应变速率增加时，会使金属的临界剪应力升高，这主要是在单位时间内要驱使数目更多的位错同时运动的缘故；另一方面是由于要求位错运动的速度增大。位错运动的速度与剪应力的关系呈现指数函数关系：

$$v = v_0 \exp\left(-\frac{A}{T\tau}\right) \tag{3.12}$$

式中，v 为位错运动速度，s^{-1}；v_0 为声音在金属中的速度，s^{-1}；A 为材料常数；T 为变形温度，K；τ 为剪应力，MPa。

根据式（3.12）可知，当变形温度 T 一定时，位错运动速度越大，作用的剪应力就越大。临界剪应力的升高，就意味着变形抗力的增加。

从能量的观点来看，实际塑性变形过程中所吸收的能量将有一部分转化为塑性变形能的形式。塑性变形能依变形的条件不同，可能失散到周围的介质中去，也可能保留在变形体中而使变形温度升高。这种塑性变形过程中所产生的热量使变形体温度升高的效应称为温度热效应。变形速度越高，变形的时间就越短，热量散失的机会就越少，因而变形温度热效应就越大，金属的变形温度将升高，从而降低变形抗力。变形速率对金属的动态回复和动态再结晶也有影响。因为动态回复和动态再结晶过程不但同晶格的畸变及变形温度的高低有关，而且与变形时间有关，所以变形速率的提高，将缩短变形的时间，从而使塑性变形时位错运动和位错攀移的发生与发展的时间不充分，影响动态回复的作用。在高温变形时，同样会影响到动态再结晶的形核数量和晶粒长大速度，这些都是不利于软化作用的因素。总的来说，随着变形速率的增加，流变应力增加。

材料的流动应力随着应变速率的增大而升高。根据图 3.1 所示的真应力-真应变曲线，可以得到峰值应力与应变速率之间的关系曲线，如图 3.2 所示，从图中可以发现，峰值应力与应变速率取对数后呈现线性关系。

当变形温度为 1100℃、应变速率为 $0.1s^{-1}$ 时，流动应力峰值为 193MPa；当应变速率为 $10s^{-1}$ 时，流动应力峰值为 447MPa，可见应变速率的变化对 IN690 合金的流动应力有着显著的影响。材料在高应变速率下变形时，变形在较短时间内完成，从而使合金内位错塞积严重、变形抗力增加。在应变速率较低时，由于有充分的时间形成再结晶的晶核和使再结晶晶粒长大，动态再结晶容易发生。动态再结晶的发生与发展，使更多的位错消失，部分位错重新排列，减少了位错应力场造成的畸变能，使材料得到了软化。随着应变速率的降低，合金动态再结晶发生的临界应变值和应力达到稳定时的应变变小。在低应变速率下材料的动态再结晶易于发生，也容易达到完全动态再结晶。

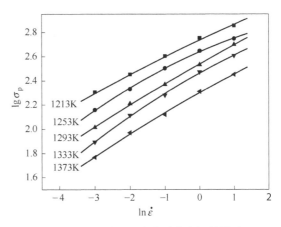

图 3.2 峰值应力与应变速率之间的关系

(2) 变形温度的影响

变形温度对流动应力的影响，主要表现在以下几个方面：①变形温度的升高使材料的动态回复和动态再结晶软化作用加强。随着变形温度的升高，合金动态再结晶的形核率和长大速率都增加，进而使动态再结晶软化作用加强。这是由于动态再结晶的形核是由热激活过程控制的，当变形温度升高时，新相的自由能与母相的自由能差值将增大，从而使形核率增加，同时也增大了晶核长大的驱动力。②变形温度的升高使材料的临界剪应力降低，滑移系增加。滑移抗力起源于原子间的结合力。变形温度越高，原子的动能越大，原子间的结合力就越弱，也即剪应力越低。③变形温度升高使材料热塑性作用增强。变形温度升高，原子的热振动加剧，晶格中的原子处于一种不稳定的状态。当受到外力的作用时，原子就会沿着应力场梯度方向，由一个平衡位置转移到另一个平衡位置，使金属产生塑性变形。④变形温度升高使晶界滑动作用加强。随着变形温度的升高，晶体间切变抗力显著降低，使得晶界滑动易于进行；又由于扩散作用的加强，及时消除了晶界滑动所引起的微裂纹，因此晶界滑动量可以很大。变形温度对流动应力影响很明显，它是决定加工件微观组织和力学性能的主要因素之一，但对各种材料的影响程度不同。

IN690 合金在热加工中的变形抗力对成形温度非常敏感。在实际生产中为了使 IN690 合金易于变形，希望尽可能地提高变形温度，降低抗力，但是随着变形温度的升高，对模具的要求也相应提高，此外，在高温变形条件下，得到工件的晶粒变得粗大，这对于得到均匀细晶的组织的要求显然是难以满足的。

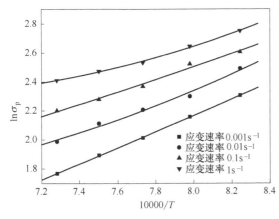

图 3.3 峰值应力与变形温度之间的关系

峰值流动应力与变形温度的关系曲线如图 3.3 所示。从图 3.1 和图 3.3 均可以发现，变形过程中，随着变形温度的升高，流动应力显著下降。在 980～1100℃这个变形温度区间内，流动应力峰值从 415MPa 降到 193MPa。这是因为在高温变形时，原子动能增大，有利于扩散的进行和位错的运动，因此金属在高温下塑性高、抗力小。随着变形温度的提高，IN690 合金发生动态再结晶的临界变形量和动态再结晶达到平衡时的变形量变小。可见变形温度越高，达到完全动态再结晶所需要的变形程度越小，也就是高温有利于合金动态再结晶的发生与完成。这是因为动态再结晶是一个热激活过程，随着变形温度的升高金属原子热振动的振幅增大，较多的滑移系得以启动，从而使合金吸收较多的变形能，使得动态再结晶的驱动力增加。

IN690 合金流动应力随着初始晶粒尺寸的变化关系如图 3.4 所示，IN690 合金高温变形时材料的流动应力随晶粒尺寸的增大而增大。这是因为合金在热变形的过程中发生了动态再结晶，动态再结晶的晶粒首先在晶界处形核，晶界越长再结晶形核地点越多，再结晶软化就越明显，所以表现为随晶粒尺寸的增大流动应力增大。

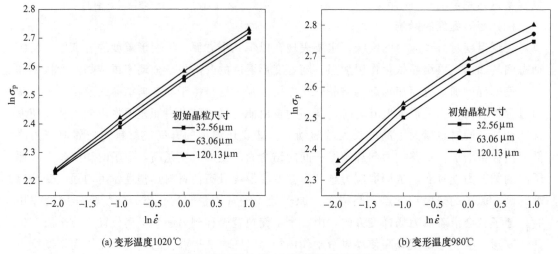

(a) 变形温度1020℃   (b) 变形温度980℃

图 3.4   不同晶粒尺寸下的峰值应力的关系

峰值应变与变形温度、应变速率的关系曲线如图 3.5、图 3.6 所示。可以发现，应变速率和变形温度对 IN690 合金的峰值应变有显著影响，峰值应变随着变形温度的升高和应变速率的降低逐渐减小。这是因为随着变形温度的升高，材料内部热能增加，发生再结晶所需的畸变能减小，更容易发生再结晶。而动态再结晶从形核到长大还需要一定的时

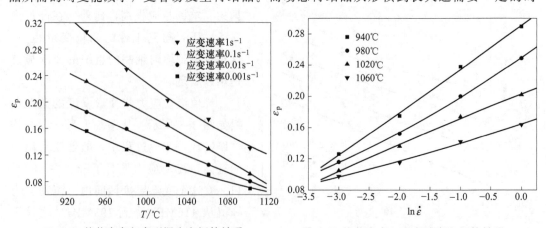

图 3.5   峰值应变与变形温度之间的关系   图 3.6   峰值应变与应变速率之间的关系

间，所以应变速率高动态再结晶发生困难。在实验应变速率和变形温度的范围内，峰值应变随着应变速率的升高和变形温度的降低向应变增加的方向移动，即峰值应变增大，说明动态再结晶在低温高应变速率下难于启动。也就意味着开始出现动态再结晶的临界应变增大，发生较大的变形才能发生动态再结晶。

3.3 高温合金热变形本构方程

3.3.1 根据峰值应力确定本构关系模型中系数

根据图 3.1 所示的真应力-真应变实验数据，可以绘制 $\ln\dot{\varepsilon}$-$\ln\sigma$、$1/T$-$\ln[\sinh(\alpha\sigma_p)]$、$\ln\dot{\varepsilon}$-$\ln[\sinh(\alpha\sigma_p)]$ 等关系曲线，如图 3.7 所示，再根据式（3.8）～式（3.11），就可以确定参数 α、A、n、Q 值。

从图中可以发现，各条件下试验数据间的线性关系均吻合得较好。线性回归的相关系数可达 0.996。由此可见，峰值应变高温合金高温塑性变形时流变应力与应变速率和变形温度之间满足双曲线正弦形式的 Arrhenius 关系，说明其高温塑性变形过程也是一种类似高温蠕变的热激活过程。

根据如图 3.7 所示的曲线和式（3.9）～式（3.11）可以得到，$Q=448\text{kJ/mol}$，$n=5.71$，$\alpha=0.0012$，$A=4.2\times10^{12}$，因此根据式（3.8）可以确定 IN690 高温合金热变形时的本构关系模型：

$$\dot{\varepsilon}=4.2\times10^{12}\left[\sinh(0.0012\sigma_p)\right]^{5.72}\exp\left(-\frac{448000}{RT}\right) \tag{3.13}$$

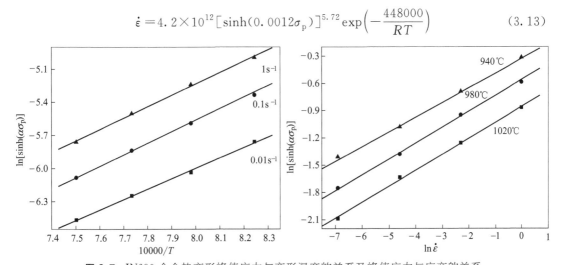

图 3.7 IN690 合金热变形峰值应力与变形温度的关系及峰值应力与应变的关系

在以上计算过程中，考虑变形激活能 Q 只与变形温度有关，与其他因素无关。变形激活能是受金属的本质、变形温度、应变速率等因素影响的。随着变形温度的增加，位错的滑移和攀移能力加强，在更高的变形温度下，合金内还要发生动态再结晶，这都将使材料变形所需要的变形激活能降低。变形速率增加时，合金内的位错密度将相应地增加，在晶粒内部形成位错缠结和胞状组织，使可动位错的滑移阻力增加，提高材料的变形激活能。

3.3.2 考虑应变时的 IN690 热变形本构关系

如果考虑应变对 IN690 热变形本构关系模型的影响，在式（3.8）中，就要考虑应变值（ε）对 n、α、Q、A 的影响规律，建立参数 n、α、Q、A 与应变值（ε）的数学关系模型，就可以建立考虑应变条件下的 IN690 热变形本构关系模型。

根据图 3.1 所示的真应力-真应变曲线，绘制不同应变值时的 $\ln\dot{\varepsilon}$-$\ln\sigma$、$-\ln\sinh(\alpha\sigma_p)$-$1/T$、$\ln\sinh(\alpha\cdot\sigma_p)$-$\ln\dot{\varepsilon}$ 等关系曲线，就可以得到不同应变值时的 n、α、Q、A 值。

根据实验数据 ε、$\dot{\varepsilon}$、T 的值，绘制不同变形温度条件下的 $\ln\sigma$-$\ln\dot{\varepsilon}$ 曲线，如图 3.8 所示，再根据式（3.8）~式（3.11），并进行线性拟合回归分析。分析可知，在不同的变形温度条件下的曲线趋于线性关系，而且变形温度的影响不明显，说明各直线的斜率是相近的，即指数 n 值与变形温度无关，通过一元线性回归分析，求出各个 n 值，见表 3.1。

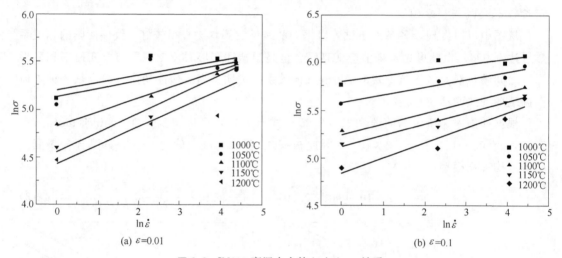

图 3.8 IN690 高温合金的 $\ln\dot{\varepsilon}$-$\ln\sigma$ 关系

根据图 3.1 所示的真应力-真应变曲线，绘制不同变形温度条件下的 σ-$\ln\dot{\varepsilon}$ 关系曲线，如图 3.9 所示，再根据式（3.8）~式（3.11），并进行线性回归分析，以及由已经确定的

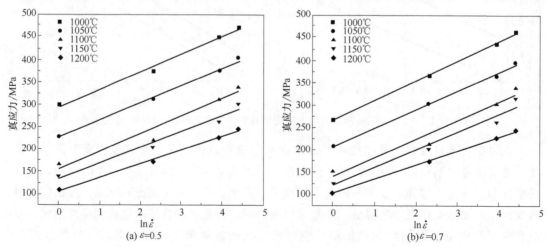

图 3.9 IN690 合金的 σ-$\ln\dot{\varepsilon}$ 关系

n 值，即可确定 α 值。其中，n 值和 α 值都与变形温度无关。通过线性回归分析，求出各个应变下的 α 值，见表 3.1。

根据图 3.1 所示的真应力-真应变曲线，绘制不同应变速率条件下的 $\ln\left[\sinh(\alpha\sigma_{\mathrm{p}})\right]$-$1/T$ 的关系曲线，如图 3.10 所示，再根据式（3.8）～式（3.11），进行线性回归分析，即可求出各个应变下的 Q 值，将确定的 n，α，Q 值代入到式（3.8）中，确定 $\ln A$ 的值，见表 3.1。

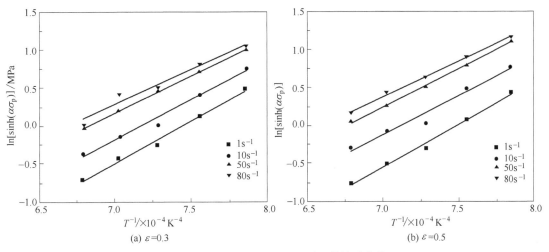

图 3.10　$\ln\left[\sinh(\alpha\sigma_{\mathrm{p}})\right]$-$1/T$ 的关系曲线

▣ 表 3.1　应变一定时模型参数的值

应变 ε	n	α	$Q/(\mathrm{J/mol})$	$\ln A$
0.01	7.179266	0.005991845	407957.6	36.38890968
0.1	8.430566	0.004442663	686834.9	59.0804328
0.3	8.074675	0.003712580	680513.9	60.3417292
0.5	6.683688	0.004069960	565672.1	50.3816215
0.7	6.041055	0.004183382	487078.6	43.70305193

对表 3.1 中的系数进行多项式回归分析，得到式（3.8）中的材料特性参数与应变的关系式，见式（3.14）。

$$\left.\begin{array}{l} n=-67.8315\varepsilon^{4}+145.6856\varepsilon^{3}-104.7135\varepsilon^{2}+23.8801\varepsilon+6.9508 \\ \alpha=0.05792\varepsilon^{4}-0.12041\varepsilon^{3}+0.08837\varepsilon^{2}-0.02566\varepsilon+0.00624 \\ Q=-23542.075\varepsilon^{4}+40683.343\varepsilon^{3}-24317.115\varepsilon^{2}+5348.089\varepsilon+356.868 \\ \ln A=-1654.370\varepsilon^{4}+2949.137\varepsilon^{3}-1834.856\varepsilon^{2}+423.076\varepsilon+32.3387 \end{array}\right\} \quad (3.14)$$

对确定的本构方程的计算精度进行分析，以确定本构方程的计算误差。图 3.11 为 IN690 合金高温变形本构方程的计算结果与实验数据的对比情况。分析结果表明，本构关系模型的计算值与实验值的最大误差为 18.1%。因此，由式（3.8）和式（3.14）构建的热变形本构方程可以较好地描述 IN690 高温合金在变形温度为 1050～1200℃、应变速率为 1～80s^{-1} 时的流动行为。

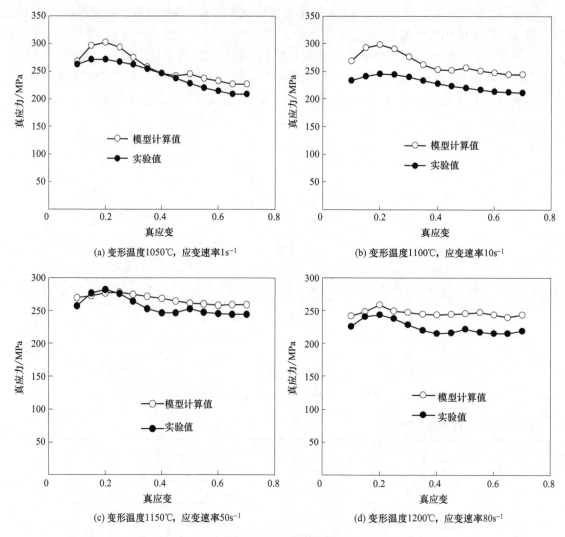

(a) 变形温度1050℃, 应变速率1s⁻¹

(b) 变形温度1100℃, 应变速率10s⁻¹

(c) 变形温度1150℃, 应变速率50s⁻¹

(d) 变形温度1200℃, 应变速率80s⁻¹

图 3.11 IN690 合金本构关系模型的计算值与实验值的比较

研究结果表明，IN690 高温合金在高应变速率时，其真应力-真应变曲线呈现软化流动型；在低应变速率变形时呈稳态流动型。计算所得到的本构方程关系模型的计算结果与实验值之间的最大误差为 13.1%，本构方程模型的适用变形温度范围为 1000~1200℃，应变速率范围为 0.1~80s⁻¹。

3.4 基于初始晶粒尺寸的热变形本构方程

3.4.1 基于微观组织的 IN690 合金本构关系模型

(1) 应力-应变曲线

初始晶粒尺寸分别为 32.56 μm、63.06 μm 和 120.13 μm 时，高温合金 IN690 合金由实验直接得到的真应力-真应变曲线如图 3.12~图 3.14 所示。

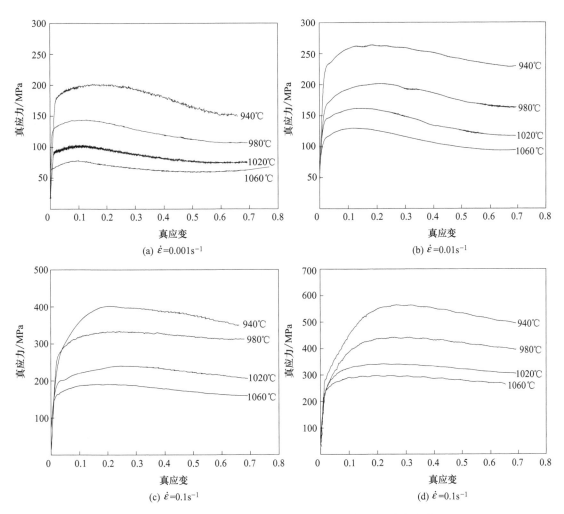

图 3.12　原始晶粒尺寸为 32.56μm 条件下的真应力-真应变曲线

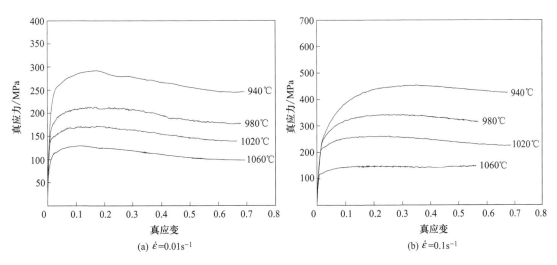

图 3.13

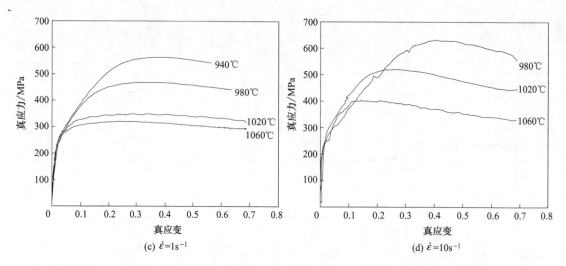

(c) $\dot{\varepsilon}=1s^{-1}$

(d) $\dot{\varepsilon}=10s^{-1}$

图 3.13 原始晶粒尺寸为 $63.06\mu m$ 条件下的真应力-真应变曲线

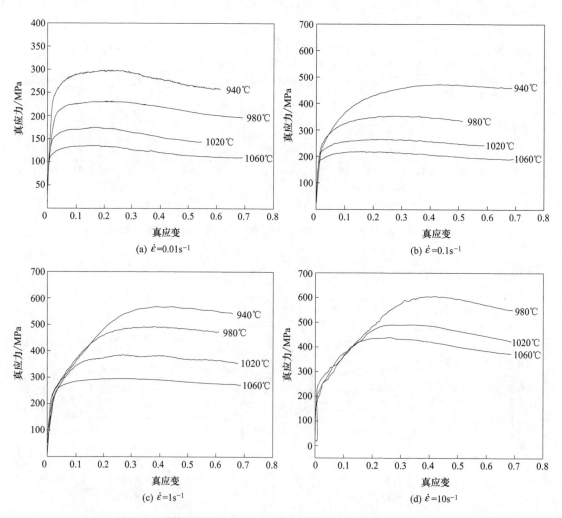

(a) $\dot{\varepsilon}=0.01s^{-1}$

(b) $\dot{\varepsilon}=0.1s^{-1}$

(c) $\dot{\varepsilon}=1s^{-1}$

(d) $\dot{\varepsilon}=10s^{-1}$

图 3.14 原始晶粒尺寸为 $120.13\mu m$ 条件下的真应力-真应变曲线

（2）本构关系模型

初始晶粒尺寸的大小对于材料的力学性能有明显影响。初始晶粒越细小，不同取向的晶粒越多，各向异性就越弱，晶界总长度越长，位错移动阻力越大，材料强度越高。一般来说，在高温变形条件下，初始晶粒尺寸是变形历史和时间的函数。通常，金属材料的流动应力和晶粒尺寸的关系采用式（3.15）表示。

$$\sigma = \sigma_0 + Kd^{-1/2} \tag{3.15}$$

式中，σ 为流动应力，MPa；σ_0 为初始流动应力；d 为晶粒尺寸，μm；K 为比例常数。

根据美国学者提出的考虑原始晶粒尺寸的本构模型[30]，通过回归的方法，分别求出 Q、F、p、n 的值。按式（3.16）建立 IN690 基于原始晶粒尺寸的本构关系，关键是确定式中的各个材料特性参数。

$$\dot{\varepsilon} = Fd^p\sigma^n\exp\left(-\frac{Q}{RT}\right) \tag{3.16}$$

式中，$\dot{\varepsilon}$ 为应变速率；d 为晶粒尺寸；σ 为流动应力；Q 为变形激活能；T 为变形温度；F、p、n 均为常数。

根据式（3.16）可以得到：

$$\ln\dot{\varepsilon} = \ln F + p\ln d + n\ln\sigma - \frac{Q}{RT} \tag{3.17}$$

当变形温度 T 和应变速率 $\dot{\varepsilon}$ 一定的条件下，F 和 Q 均为常数，因此由式（3.17）可得到：

$$\frac{n}{p} = -\frac{\partial\ln d}{\partial\ln\sigma} = a \tag{3.18}$$

因此，式（3.17）即可转变为：

$$\ln\dot{\varepsilon} = \ln F + \frac{n}{a}\ln d + n\ln\sigma - \frac{Q}{RT} \tag{3.19}$$

当变形温度 T 一定的条件下，F 和 Q 均为常数，所以由式（3.19）可得到：

$$n = \frac{\partial\ln\dot{\varepsilon}}{\partial\left(\dfrac{\ln d}{a} + \ln\sigma\right)} \tag{3.20}$$

当应变速率 $\dot{\varepsilon}$ 不变的条件下，F、n、p 均为常数，所以由式（3.19）可得：

$$Q = Rn\frac{\partial\left(\dfrac{\ln d}{a} + \ln\sigma\right)}{\partial(1/T)} \tag{3.21}$$

由式（3.18）、式（3.20）、式（3.21）可分别确定 n、p、Q 值，再根据式（3.19），可以确定 F 值。

$$\ln F = \ln\dot{\varepsilon} - p\ln d - n\ln\sigma + \frac{Q}{RT} \tag{3.22}$$

根据式（3.18）～式（3.22），就可以确定式（3.16）中的参数 p、n、Q、F 值，从而就可以确定基于微观组织的高温合金 IN690 本构关系模型。

根据图 3.12～图 3.14 的实验数据，绘制 $\ln d$-$\ln\sigma$ 曲线，确定出 a 值；根据实验数据

和 a 值，绘制 $\ln\dot{\varepsilon}$-ln（$\ln d/a+\ln\sigma$）曲线，求出 n 值；绘制（$\ln d/a+\ln\sigma$）-$1/T$ 的曲线，根据已求得的 n 值，代入式（3.21）中，可确定 Q 值；把所有求出的值均代入式（3.22）中，即可得到 F 的值。

绘制不同变形温度和应变速率条件下的 $\ln d$-$\ln\sigma$ 关系曲线，如图 3.15 所示。图中所用数据均为图 3.12～图 3.14 的真应力-真应变曲线的峰值应力值。可以发现，不同变形温度和应变速率条件下的 $\ln d$-$\ln\sigma$ 直线的斜率接近。根据图中的曲线，通过线性回归分析，求得各直线的斜率，并求平均值可得到 a 值。

$$\frac{n}{p}=-\frac{\partial \ln d}{\partial \ln\sigma}=a=-8.516$$

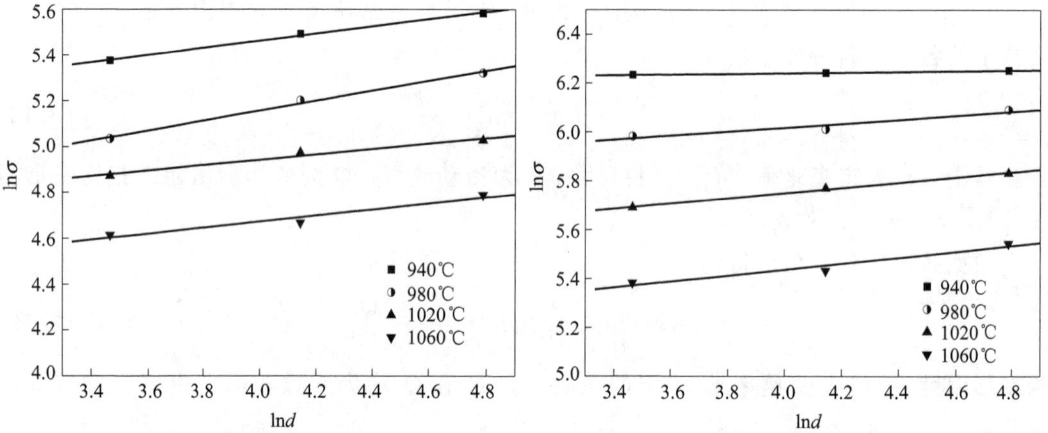

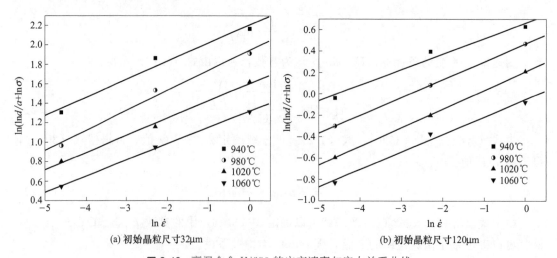

(a) 应变速率0.01 s⁻¹　　(b) 应变速率1 s⁻¹

图 3.15 高温合金 IN690 的原始晶粒尺寸与应力关系曲线

根据图 3.12～图 3.14 的真应力-真应变曲线，绘制不同变形温度条件下的 $\ln\dot{\varepsilon}$-ln（$\ln d/a+\ln\sigma$）关系曲线，如图 3.16 所示。可以发现，不同变形温度条件下的 $\ln\dot{\varepsilon}$-ln（$\ln d/a+\ln\sigma$）直线的斜率接近。根据图中的曲线，通过线性回归分析，求得各直线的斜率，并求平均值可得到 n 值：

(a) 初始晶粒尺寸32μm　　(b) 初始晶粒尺寸120μm

图 3.16 高温合金 IN690 的应变速率与应力关系曲线

$$n = \frac{\partial \ln \dot{\varepsilon}}{\partial \left(\dfrac{\ln d}{a} + \ln \sigma \right)} = 5.705$$

根据图 3.12~图 3.14 的真应力-真应变曲线，绘制不同应变速率条件下的（$\ln d/a$ + $\ln \sigma$）-1/T 关系曲线，如图 3.17 所示。可以发现，不同应变速率条件下的（$\ln d/a$ + $\ln \sigma$）-1/T 直线的斜率接近。根据图中的数据曲线，通过线性回归分析，求得各直线的斜率，并求平均值可得到 Q（J/mol）值：

$$Q = Rn \frac{\partial \left(\dfrac{\ln d}{a} + \ln \sigma \right)}{\partial \left(1/T \right)} = 527849 \text{J/mol}$$

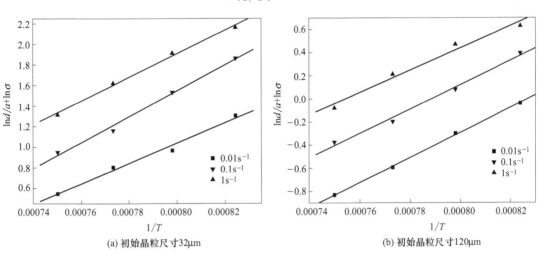

(a) 初始晶粒尺寸32μm (b) 初始晶粒尺寸120μm

图 3.17 高温合金 IN690 的变形温度与应力关系曲线

通过以上线性回归分别求得 p，n，Q 值，将它们代入式（3.22）中，从而确定 $\ln F$ 的值，如表 3.2 所示。

⊡ **表 3.2** $\ln F$ 与原始晶粒尺寸 d 之间的关系

初始晶粒尺寸 $d/\mu m$	32	63	120
$\ln F$	46.254	51.566	56.620

根据表 3.2 中的数据，可以得到 $\ln F$ 与初始晶粒尺寸 d 之间的关系式：

$$\ln F = -0.0009d^2 + 0.2606d + 38.878$$

将求得的 F、p、n、Q 值代入式（3.16）中，即可得到基于原始晶粒尺寸的 IN690 高温合金热变形本构模型，即

$$\dot{\varepsilon} = \exp(-0.0009d^2 + 0.2606d + 38.878)d^{0.67}\sigma^{5.705}\exp\left(-\frac{527849}{RT}\right)\cdots \quad (3.23)$$

式（3.23）即为高温合金 IN690 适用于原始晶粒范围 32~120μm，变形温度范围 940~1060℃，应变速率在 0.01~1s^{-1} 之间的本构关系模型。

（3）本构关系模型精度分析

为了说明本构关系模型的可靠性，先利用压缩实验的原始数据对模型进行验证。图

3.18 为本构方程的模型计算值与实验值对比。通过上述实验数据与模型数据的对比，得到基于原始晶粒尺寸的高温合金 IN690 本构模型的相对误差小于 13%。

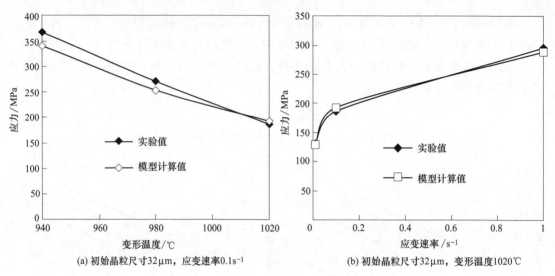

(a) 初始晶粒尺寸32μm，应变速率0.1s⁻¹　　　　(b) 初始晶粒尺寸32μm，变形温度1020℃

图 3.18　本构方程的模型计算值与实验值对比

研究结果表明，初始晶粒尺寸对 IN690 高温合金的真应力-真应变曲线有影响，建立了基于原始晶粒尺寸的本构方程，本构方程的计算结果与实验结果的相对误差小于 13%，本构方程适用于原始晶粒范围 32~120μm、变形温度范围 940~1060℃、应变速率 0.01~1s⁻¹ 的条件。

3.4.2　考虑初始晶粒尺寸的双曲正弦型本构模型

(1) 本构关系模型

由式（3.8）可以得到 IN690 合金的峰值应力与热变形工艺参数之间的双曲正弦型 Arrhenius 方程描述[24]：

$$\sinh(\alpha\sigma_p) = a_1 d_0^{b_1} Z^{c_1} \tag{3.24}$$

式中，σ_p 为峰值应力，MPa；d_0 为原始晶粒尺寸，μm；α，a_1，b_1，c_1 为材料常数；Z 为 Zener-Hollomon 参数，它反映了变形温度和变形速度对变形的影响，用下式表示。

$$Z = \dot{\varepsilon} \exp\left(\frac{Q}{RT}\right) \tag{3.25}$$

式中，$\dot{\varepsilon}$ 为应变速率，s⁻¹；Q 为变形激活能，J/mol；R 为气体常数；T 为变形温度，K。

为了确定式（3.24）中的参数，对式（3.24）两边同时取对数得：

$$\ln\sinh(\alpha\sigma_p) = \ln a_1 + b_1 \ln d_0 + c_1 \ln Z \tag{3.26}$$

由于式（3.26）中有四个未知量，即 α、a_1、b_1、c_1，所以不能直接用线性回归确定这四个未知量的值。取式（3.13）中所确定的 $\alpha = 0.0012$，α 的值确定后就可以计算 a_1、b_1、c_1 的值了。

（2）峰值应力

根据图 3.12～图 3.14 的真应力-真应变曲线，绘制 $\ln Z$-$\ln[\sinh(\alpha\sigma_p)]$ 和 $\ln d_0$-$\ln[\sinh(\alpha\sigma_p)]$ 的关系曲线，如图 3.19、图 3.20 所示，并进行线性回归分析，得到峰值应力与 Z 参数及原始晶粒尺寸 d_0 的变化曲线，得到 $a_1 = 3.37 \times 10^{-4}$，$b_1 = 0.092$，$c_1 = 0.172$。因此，式（3.24）可以确定为：

$$\sinh(0.0012\sigma_p) = 3.37 \times 10^{-4} d_0^{0.092} Z^{0.172} \qquad (3.27)$$

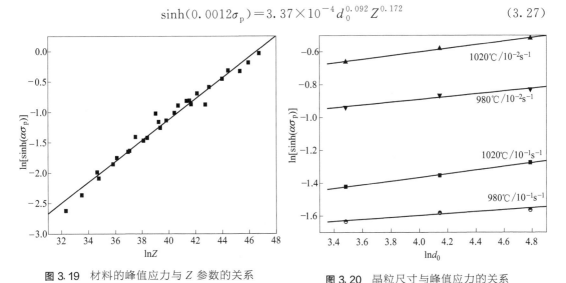

图 3.19 材料的峰值应力与 Z 参数的关系　　　图 3.20 晶粒尺寸与峰值应力的关系

（3）峰值应变

根据确定的变形激活能（Q），可以建立峰值应变 ε_p 与 Z 参数和 d_0 之间的关系，见图 3.21 和图 3.22。$\ln\varepsilon_p$ 与 $\ln Z$ 之间呈线性关系，通过线性回归分析，得到：

$$\varepsilon_p = 2.04 \times 10^{-3} d_0^{0.18} Z^{0.112} \qquad (3.28)$$

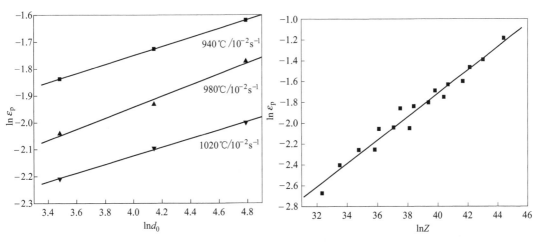

图 3.21 初始晶粒尺寸与峰值应力的关系　　　图 3.22 峰值应变与 Z 参数的关系

（4）动态再结晶临界应变模型

采用目前应用最广泛的 Sellars 模型结构，即

$$\varepsilon_c = (0.6 \sim 0.85)\varepsilon_p \tag{3.29}$$

$$\varepsilon_p = A d_0^B Z^C$$

式中，A，B，C 为与材料性能有关的常数；Z 为 Zener-Hollomn 参数；ε_p 为峰值应变；ε_c 为动态再结晶发生的临界应变；d_0 为原始晶粒尺寸，μm。

考虑初始晶粒尺寸的峰值应变：

$$\varepsilon_p = 2.04 \times 10^{-3} d_0^{0.18} Z^{0.112} \tag{3.30}$$

考虑初始晶粒尺寸的临界应变：

$$\varepsilon_c = 1.7 \times 10^{-3} d_0^{0.18} Z^{0.112} \tag{3.31}$$

3.5 基于挤压实验的高温合金本构方程

3.5.1 基于挤压实验的 IN690 本构关系模型

(1) 挤压实验设计

建立准确的材料热变形本构关系模型对于分析材料变形特征和成形性能，优化塑性成形工艺及模具设计具有重要意义。材料本构关系模型是塑性变形过程数值模拟和模具设计不可缺少的基础理论模型，材料本构关系模型的计算精度和形式直接影响计算结果和计算速度。从文献上看，目前关于材料热变形本构关系模型的建立方法是依据 Arrhenius 型方程形式，对热模拟实验或热拉伸实验数据采用数理统计的方法建立起来的。热模拟实验或热拉伸实验时的变形体是一个自由镦粗或自由拉伸的变形过程，都是受单向外力作用，而且其未受力方向上都是自由表面，如果采用热模拟实验或热拉伸实验数据建立起来的材料本构关系模型应用到挤压变形过程中，由于应力状态等变形条件不同，必然产生计算误差，进而影响数值模拟精度。因为挤压变形时的受力状态与热模拟实验或热拉伸实验时的受力状态差别明显，挤压变形时变形体的三个方向都是受压应力作用，而热模拟实验或热拉伸实验时的变形体都是受单向压力或单向拉伸力作用，而且其他方向上都是自由表面。因此为了建立准确的管材挤压变形时材料本构关系模型，根据管材挤压变形时的实验数据，依据 Arrhenius 型方程形式，对实验数据采用数理统计的方法建立适合于管材挤压变形时的材料本构关系模型。

根据管材挤压变形时的应力-应变数值，可以确定 n，α，Q，A 值，这样材料本构关系模型就可以建立起来。在确定 n，α，Q，A 值时，式（3.8）～式（3.11）中的单位挤压应力 σ 也可以取峰值应力 σ_p，这样计算比较简单。测得峰值应力 σ_p 的值后，绘制 $\ln\dot{\varepsilon}$-$\ln\sigma_p$、$\ln\dot{\varepsilon}$-σ_p、$\ln[\sinh(\alpha\sigma_p)]$-$1/T$ 的曲线，就可以确定 n，α，Q，A 值，就可以确定适合于管材挤压变形时的材料本构关系模型。

材料在挤压变形过程中，其挤压力的变化规律与圆柱体热压缩模拟实验时的热压缩变形力规律相似，因此采用挤压变形时的应力-应变速率数值来确定适用于管材挤压变形时的本构关系模型是可行的，也是合理的。另外，挤压变形时的变形温度也容易调节，平均应变速率与挤压速度的关系见式（3.32）。

$$\dot{\varepsilon} = \frac{G-1}{H}\dot{u}_0 。 \tag{3.32}$$

$$H = \frac{D-d}{2}\tan(90° - \alpha)$$

式中，$\dot{\varepsilon}$ 为平均应变速率，s^{-1}；$\dot{u}_0$ 为挤压速度，$\mathrm{mm/s}$；G 为挤压比；H 为锥形凹模高度，mm；α 为凹模锥半角，（°）；D 为挤压坯料外径，mm；d 为挤压管材外径，mm。

只要改变挤压速度，就可以得到不同的挤压变形时的平均应变速率。因此，根据挤压实验，就可以得到不同变形温度和不同应变速率时的挤压应力与变形温度、应变速率关系曲线。根据这些实验数据，以及式（3.8）～式（3.11），就可以确定 n，α，Q，A 值。从而，就可以得到管材挤压成形时材料本构关系模型。

为了规范挤压实验，制定了以下技术标准：①挤压坯料尺寸：外径 $D = 40\mathrm{mm}$，内径 $D_i = 12\mathrm{mm}$，见图 3.23（a）；②挤压管材尺寸：外径 $d = 20\mathrm{mm}$，内径 $d_i = D_i = 12\mathrm{mm}$；③挤压凹模见图 3.23（b），凹模锥半角 α 为 70°，$H = 10\tan20° = 3.64$（mm）；④挤压实验装置见图 3.23（c）；⑤其他工艺参数，挤压比 G 为 5.69，摩擦系数为 0.09，润滑剂根据材料需要来选择。

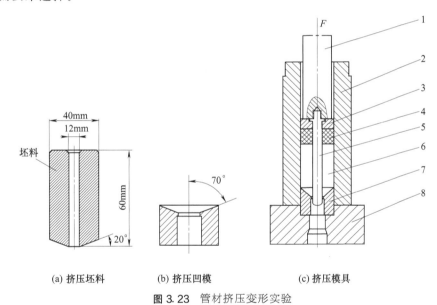

(a) 挤压坯料　　　　(b) 挤压凹模　　　　(c) 挤压模具

图 3.23　管材挤压变形实验

1—挤压轴；2—挤压筒；3—挤压垫；4—石墨垫；5—挤压杆；6—挤压坯料；7—挤压凹模；8—下模板

（2）实施步骤

具体实施步骤：①准备挤压坯料，实验测试仪器、润滑剂等；②由挤压实验测得挤压应力-应变速率数值；③绘制 $\ln\dot{\varepsilon}$-$\ln\sigma_p$、$\ln\dot{\varepsilon}$-σ_p、$\ln[\sinh(\alpha\sigma_p)]$-$1/T$ 的曲线，并测定曲线的斜率值；④根据式（3.8）～式（3.11），确定 n，α，Q，A 值；⑤将 n，α，Q，A 值代入式（3.8）中，即可得到适用于管材挤压变形时的本构关系模型。

根据管材挤压变形时的单位应力-应变速率数值，以及式（3.8）～式（3.11），就可以确定 n，α，Q，A 值，这样材料本构关系模型就可以建立起来。在确定 n，α，Q，A 值时，式（3.8）～式（3.11）中的单位挤压应力 σ 也可以取峰值应力 σ_p。测得峰值应力 σ_p

的值后，绘制 $\ln\dot{\varepsilon}$-$\ln\sigma_{\mathrm{p}}$、$\ln\dot{\varepsilon}$-σ_{p} 和 $\ln[\sinh(\alpha\sigma_{\mathrm{p}})]$-$1/T$ 的曲线，就可以确定 n，α，Q，A 值，代入式（3.8）中，就可以确定适合于管材挤压变形时的材料本构关系模型。

只要改变挤压速度，就可以得到不同的挤压变形时的平均应变速率。因此，根据挤压实验，就可以得到不同变形温度和不同应变速率时的挤压应力与变形温度、应变速率关系曲线。

挤压实验是在 16300kN 专用挤压机上进行，挤压坯料尺寸外径 ϕ120mm，内径 ϕ45mm，挤压针直径 43mm。挤压变形温度分别为 1150℃，1170℃，1200℃，挤压速度分别为 15mm/s，40mm/s，60mm/s，其平均应变速率分别为 1.86s^{-1}，4.96s^{-1}，7.44s^{-1}。挤压管材见图 3.24。

图 3.24　高温合金 IN690 挤压管材

（3）实验结果及分析

根据挤压实验测得的单位挤压应力-应变速率的数值，绘制 $\ln\dot{\varepsilon}$-σ_{p}、$\ln\dot{\varepsilon}$-$\ln\sigma_{\mathrm{p}}$ 和 $\ln[\sinh(\alpha\sigma_{\mathrm{p}})]$-$1/T$ 的曲线，见图 3.25。根据图 3.25 和式（3.8）～式（3.11），得到 n，

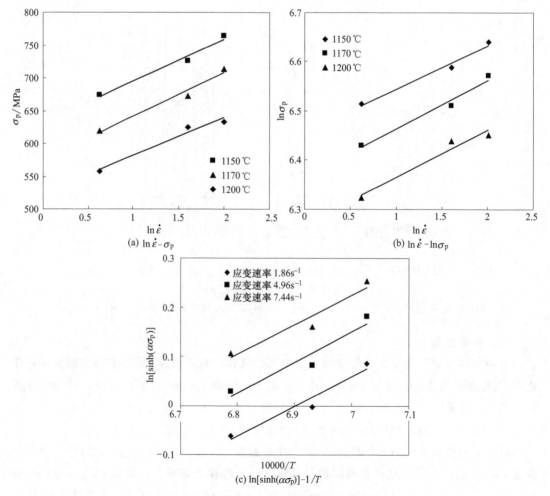

图 3.25　高温合金 IN690 管材挤压实验数据

α, Q, A 值分别为 $n=10.6$，$\alpha=0.0014$，$Q=522928\text{J/mol}$，$A=3.477\times10^{19}$。则高温合金 IN690 管材挤压变形时的本构关系模型见式（3.33）。

$$\dot{\varepsilon}=3.477\times10^{19}\left[\sinh(0.0014\sigma)\right]^{10.6}\exp\left(-\frac{522928}{RT}\right) \qquad (3.33)$$

图 3.26 为基于管材挤压实验的高温合金 IN690 本构关系模型的计算结果与实验结果对比分析，结果表明，本构关系模型的计算值与实验值的相对误差小于 8.3%。

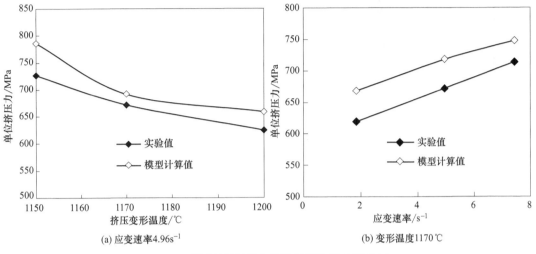

(a) 应变速率4.96s^{-1}　　　　　　　　(b) 变形温度1170℃

图 3.26　模型计算结果与实验结果比较（IN690）

研究结果表明：①根据管材挤压成形时的单位挤压应力-应变速率关系，来确定适用于管材挤压变形时的本构关系模型是可行的也是合理的。②根据高温合金 IN690 管材挤压成形时的单位挤压力数值，确定了 Arrhenius 方程中的系数，即 n，α，Q，A 值分别为 $n=10.6$，$\alpha=0.0014$，$Q=522928\text{J/mol}$，$A=3.477\times10^{19}$。③高温合金 IN690 管材挤压变形时的本构关系模型的计算值与实验值的相对误差小于 8.3%。④本书建立的模型适用于挤压变形温度 1150~1200℃，挤压速度 15~60mm/s，平均应变速率 1.86~7.44s^{-1} 的条件。

3.5.2　基于挤压实验的 IN625 合金本构关系模型

Inconel625（IN625）合金是一种以固溶强化手段为主的镍基高温合金，该合金广泛应用于航天、航空发动机、石油化工管道等，具有十分重要的应用前景。IN625 合金中主要合金元素为 Cr、Mo、Nb 等，其中 Cr、Mo、Nb 元素质量分数分别为 22.85%、9.72%、4.15%，其合金元素含量远高于其他镍基高温合金。多元合金化且高合金含量使 IN625 合金组织和力学性能对塑性加工工艺参数非常敏感，属于难加工材料。IN625 合金的热成形性能良好，其锻造与焊接技术发展较为成熟。锻造加热变形温度为 1175℃，终锻变形温度不低于 1010℃，变形应均匀，模锻时，最终变形量应不小于 15%~20%。而为了适应变形温度更高环境，IN625 中高熔点合金元素含量有所提高。

（1）挤压实验设计

挤压实验是在 16300kN 专用挤压机上进行，挤压坯料尺寸外径 ϕ120mm，内径 ϕ45mm，挤压针直径 43mm。挤压变形温度分别为 1150℃，1170℃，1200℃，挤压速度分别为 15mm/s，40mm/s，60mm/s，其平均应变速率分别为 $1.86s^{-1}$，$4.96s^{-1}$，$7.44s^{-1}$。挤压管材及挤压力实验结果见图 3.27。

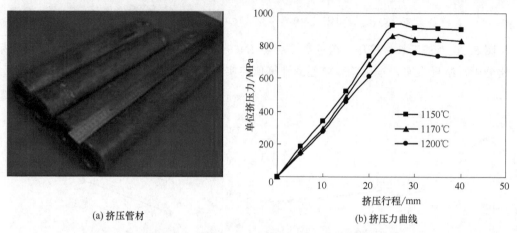

(a) 挤压管材　　　　　　　　　　　　　(b) 挤压力曲线

图 3.27　高温合金 IN625 挤压管材及挤压力

(2) 模型建立

根据挤压实验测得的单位挤压应力-应变速率的数值，绘制 $\ln\dot\varepsilon$-σ_p、$\ln\dot\varepsilon$-$\ln\sigma_p$ 和

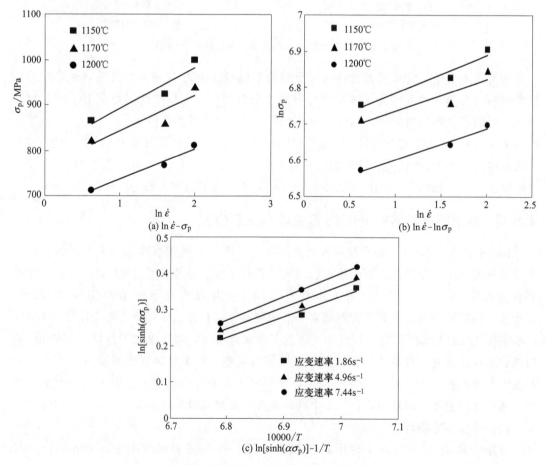

(a) $\ln\dot\varepsilon$-σ_p　　　　　　　　　　　(b) $\ln\dot\varepsilon$-$\ln\sigma_p$

(c) $\ln[\sinh(\alpha\sigma_p)]$-$1/T$

图 3.28　高温合金 IN625 管材挤压实验数据

$\ln[\sinh(\alpha\sigma_p)]$-$1/T$ 的曲线，见图 3.28。根据图 3.28 和式（3.8）~式（3.11），得到 n，α，Q，A 值分别为 $n=10.79$，$\alpha=0.0013$，$Q=536913\mathrm{J/mol}$，$A=4.706\times10^{18}$。则高温合金 IN625 管材挤压变形时的本构关系模型见式（3.34）。

$$\dot{\varepsilon}=4.706\times10^{18}\left[\sinh(0.0013\sigma)\right]^{10.79}\exp\left(-\frac{536913}{RT}\right) \tag{3.34}$$

图 3.29 为基于管材挤压实验的高温合金 IN625 本构关系模型的计算结果与实验结果对比分析，结果表明，本构关系模型的计算值与实验值的相对误差小于 7.8%。

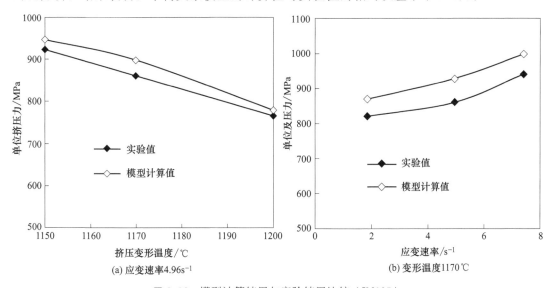

图 3.29　模型计算结果与实验结果比较（IN625）

研究结果表明：①根据管材挤压成形时的单位挤压应力-应变速率关系，来确定适用于管材挤压变形时的本构关系模型是可行的也是合理的。②根据高温合金 IN625 管材挤压成形时的单位挤压力数值，确定了高温合金 IN625 热激活能为 $Q=536913\mathrm{J/mol}$。③基于管材挤压实验的高温合金 IN625 本构关系模型的计算结果与实验结果的相对误差小于7.8%。④本书建立的模型适用于挤压变形温度 1150~1200℃，挤压速度 15~60mm/s，应变速率范围 1.86~7.44s^{-1} 的条件。

3.6　高温合金热加工图

材料热加工性的好坏可以用热加工图来描述。热加工图主要有两类：一类是基于原子模型的加工图，如 Raj 加工图（Processing map）；另一类是基于动态材料模型 DMM（dynamic material modeling）的加工图。Raj 加工图考虑了四种原子活动机制[31]：①三角晶界点的楔形开裂；②硬质点周围的空洞形核；③绝热剪切带的形成；④动态再结晶。从 Raj 加工图上，可以发现不同区域的成形机理，但 Raj 加工图只适用于纯金属和简单合金，复杂合金不适用，建立它必须确定大量的基本参数，涉及较多原子活动的理论知识，对于实际应用有很大的局限性。

Prasad 等[32] 根据大塑性变形连续介质力学、物理系统模拟和不可逆热力学理论，建立了动态材料模型。它是功率耗散图和塑性失稳图的叠加，能够成功地反映在各种变形温度和应变速率下，材料变形时内部组织的变化机制，对于评估材料的可加工性及确定材料加工工艺参数有很重要的意义。

(1) DMM 热加工图的原理

DMM 热加工图的基本原理是功率耗散原理，根据动态材料模型，将工件的热加工过程视为一个热力学封闭系统，外界对工件输入的能量 P 即 $\sigma\dot{\varepsilon}$ 可分为两部分——耗散量（G）和耗散协量（J），其数学定义为：

$$P = \sigma\dot{\varepsilon} = J + G = \int_0^\sigma \dot{\varepsilon}\mathrm{d}\sigma + \int_0^{\dot{\varepsilon}} \sigma\mathrm{d}\dot{\varepsilon} \tag{3.35}$$

式中，G 为材料发生塑性变形所消耗的能量，其中大部分转化成了热能，小部分以晶体缺陷能的形式储存；J 为材料变形过程组织演化消耗的能量。J 和 G 的分配比例可用式（3.36）表示：

$$\frac{\partial J}{\partial G} = \frac{\dot{\varepsilon}}{\sigma}\frac{\partial\sigma}{\partial\dot{\varepsilon}} = \frac{\partial(\ln\sigma)}{\partial(\ln\dot{\varepsilon})} \tag{3.36}$$

可见，这个比值等效于应变速率敏感性指数 m。应变速率敏感性指数 m 把吸收的总能量以一定的比例分别消耗于塑性变形 G 和微观组织演变 J 之中。一般情况下，m 只随变形温度和应变速率的变化呈现非线性变化。假定材料符合本构关系，

$$\sigma = A\dot{\varepsilon}^m \tag{3.37}$$

则在一定的变形温度和应变下，材料塑性变形过程中组织演化消耗的能量：

$$J = \int_0^\sigma \dot{\varepsilon}\mathrm{d}\sigma = \int_0^{\dot{\varepsilon}} A\dot{\varepsilon}^m m\,\mathrm{d}\dot{\varepsilon} = \dot{\varepsilon}\sigma m/(m+1) \tag{3.38}$$

当 $m=1$ 时，材料处于理想线性耗散状态，耗散协量 J 达到最大值：

$$J_{\max} = \frac{\sigma\dot{\varepsilon}}{2} \tag{3.39}$$

由式（3.38）和式（3.39）得到一个无量纲的参数值 η，称为耗散功率因子，其物理意义是材料成形过程显微组织演变所耗散的能量同线性耗散能量的比例关系，其值为[31,32]：

$$\eta = \frac{J}{J_{\max}} = \frac{2m}{m+1} \tag{3.40}$$

功率耗散因子随着变形温度和应变速率的变化构成了功率耗散图。由于塑性成形过程中各种损伤过程和冶金变化过程都要耗散能量，因此借助金相观察和功率耗散图可以分析不同区域的变形机理。

(2) 塑性失稳准则

塑性成形过程的失稳现象主要包括绝热剪切带形成、局部塑性流动、孔洞形核、开裂等。为了预测材料塑性流动失稳现象，提出塑性失稳判断准则。

Murthy 等[33] 基于连续介质原理，考虑应变速率敏感因子等因素，在组织观察和流动应力-应变数据的基础上提出任意类型 σ-$\dot{\varepsilon}$ 曲线的流变失稳准则：

$$2m < \eta \leqslant 0 \tag{3.41}$$

其中：

$$\eta = \frac{J}{J_{max}} = \frac{P-G}{J_{max}} = 2 - \frac{G}{J_{max}} \qquad (3.42)$$

Prasad 等[32] 根据最大熵产生率原理，提出材料的流变失稳准则为：

$$\xi(\dot{\varepsilon}) = \frac{\partial \lg\left(\frac{m}{m+1}\right)}{\partial(\lg\dot{\varepsilon})} + m < 0 \qquad (3.43)$$

以塑性失稳准则为函数，在变形温度和应变速率的平面上绘制的区域称为塑性失稳图。将功率耗散图和塑性失稳图叠加就可得到热加工图，在热加工图上可以直接显示加工安全区域和塑性失稳区域。

式（3.43）所表达的流变失稳准则被应用于 9310 高强钢[34]、Inconel 718（IN718）高温合金[35]、IN690 高温合金[36] 生产中，优化了热变形工艺参数，获得了理想结果。

（3）DMM 热加工图的建立方法

基于上述原理，采用热模拟实验数据，用三次函数拟合 $\lg\sigma$ 与 $\lg\dot{\varepsilon}$ 的关系，见式（3.44）。经过回归分析，得到常数 a、b、c、d 的数值。

$$\lg\sigma = a + b\lg\dot{\varepsilon} + c(\lg\dot{\varepsilon})^2 + d(\lg\dot{\varepsilon})^3 \qquad (3.44)$$

计算应变速率敏感因子 m 的数值：

$$m = \frac{\partial(\lg\sigma)}{\partial(\lg\dot{\varepsilon})} = b + 2c(\lg\dot{\varepsilon}) + 3d(\lg\dot{\varepsilon})^2 \qquad (3.45)$$

代入式（3.40）求耗散效率因子，在变形温度 T 和应变速率 $\dot{\varepsilon}$ 所构成的平面上绘制功率耗散图。采用式（3.43）计算塑性失稳区域，将式（3.45）代入式（3.43）中，得到：

$$\xi(\dot{\varepsilon}) = \frac{\partial \lg\left(\frac{m}{m+1}\right)}{\partial \lg\dot{\varepsilon}} + m = \frac{1}{\ln 10} \times \frac{2c + 6d(\lg\dot{\varepsilon})}{m(m+1)} + m < 0 \qquad (3.46)$$

得到不同变形温度和应变速率条件下的稳定性函数 $\xi(\dot{\varepsilon})$，在变形温度 T 和应变速率 $\dot{\varepsilon}$ 所构成的平面上绘制塑性失稳图，与功率耗散图叠加，构成材料热加工图。

（4）IN690 合金热加工图的建立

对 IN690 合金变形温度为 900～1100℃、应变速率为 0.01～8.9s^{-1}、应变分别为 0.1～0.6 条件下的 $\lg\sigma$-$\lg\dot{\varepsilon}$ 关系曲线进行拟合，绘制 T-$\lg\dot{\varepsilon}$-η 曲线，采用式（3.46）计算塑性失稳区域。

图 3.30 为不同应变条件下 IN690 合金功率耗散图，分析可知，IN690 合金的功率耗散随应变速率的减小和变形温度的增加而增加；变形量对功率耗散影响不大；最大功率耗散在高温低应变速率区，最高区域为变形温度 1090～1100℃，应变速率 0.001～0.01s^{-1} 功率耗散可达 60%～70%。说明材料在高温低应变速率区变形时用于组织转变的能量较多。

图 3.31 为不同应变条件下 IN690 合金塑性失稳图，分析可知，IN690 合金在 900～1100℃ 范围内，绝大部分为可加工区，塑性流动失稳区域随变形量的不同而发生改变。应变为 0.1 时，在变形温度高于 900℃，应变速率 0.1～10s^{-1} 之间为塑性流动失稳区间，

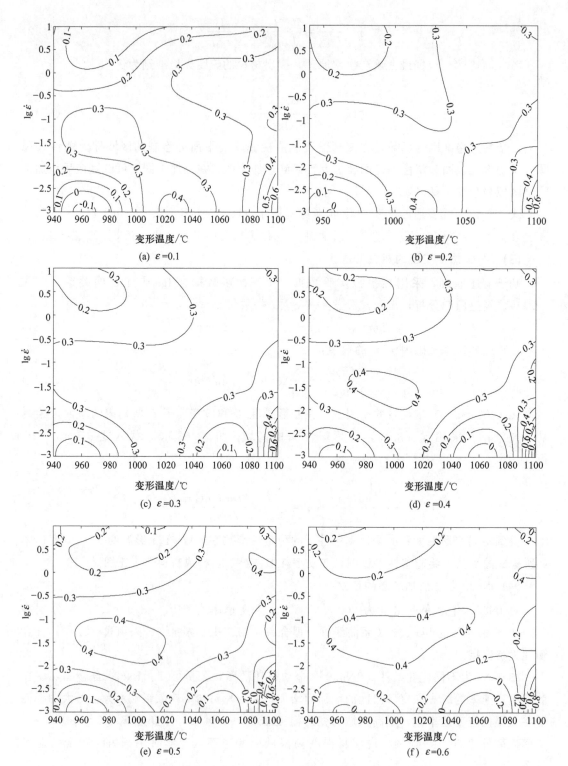

图 3.30　不同应变条件下 IN690 合金功率耗散图

应变在 0.2～0.4 之间时，其塑性失稳均发生在低温高应变速率的条件下，变形程度达到 0.5～0.6 时，在 1080℃以上，应变速率 0.01～0.1s^{-1} 之间有塑性失稳的现象。由组织观

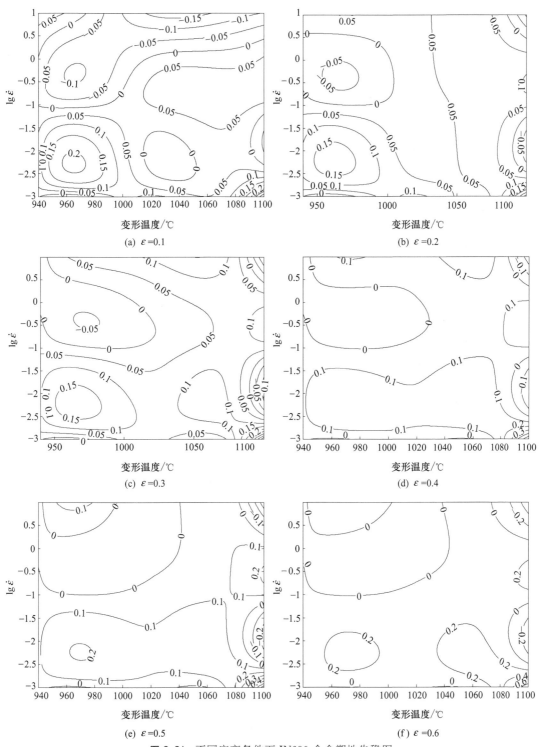

图 3.31 不同应变条件下 IN690 合金塑性失稳图

察可以看到，在高温低应变速率区动态再结晶进行得较充分，在加工图上表现为失稳。也就是说，实验所选定的范围为合金的可加工区，但高温低速变形更容易得到细小的等轴组织。

（5）压缩过程的有限元模拟

为了更精确地了解圆柱体压缩后应变场的分布，对高温合金压缩变形过程进行了有限元模拟。根据实验数据，应用摩擦系数计算公式得平均摩擦系数为 0.4，图 3.32～图

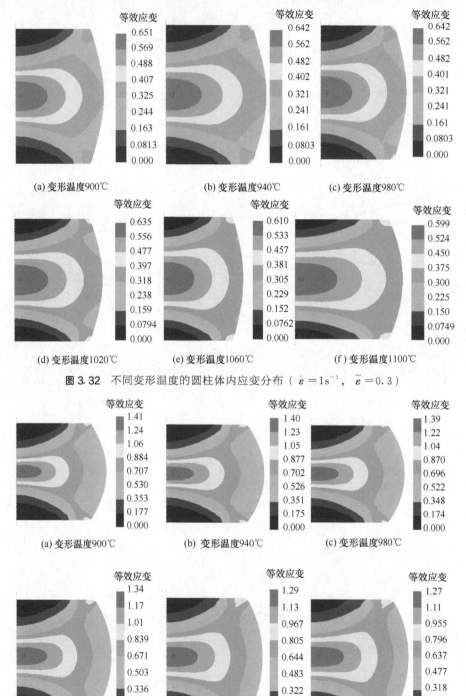

图 3.32　不同变形温度的圆柱体内应变分布（$\dot{\varepsilon}=1\mathrm{s}^{-1}$，$\bar{\varepsilon}=0.3$）

图 3.33　不同变形温度的圆柱体内应变分布（$\dot{\varepsilon}=1\mathrm{s}^{-1}$，$\bar{\varepsilon}=0.5$）

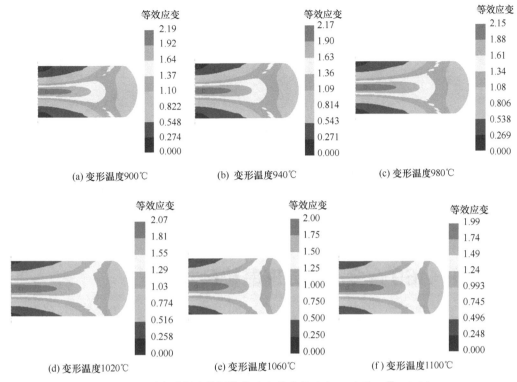

(a) 变形温度900℃　　　(b) 变形温度940℃　　　(c) 变形温度980℃

(d) 变形温度1020℃　　　(e) 变形温度1060℃　　　(f) 变形温度1100℃

图 3.34　不同变形温度的圆柱体内应变分布（$\dot{\varepsilon}=1/\mathrm{s}^{-1}$，$\bar{\varepsilon}=0.7$）

3.34，分别为等效应变 0.3、0.5、0.7，应变速率 $1\mathrm{s}^{-1}$，不同变形温度下的压缩后变形体内应变场的分布。从图中可以发现，试样产生的鼓肚随变形温度的升高而减小，与实验结果相同。这是因为随着变形温度的升高变形体内的变形温度梯度减小，试样变形更为均匀。有了应变场的分布就可以确定相应应变下的组织了。

高温合金热变形组织演变模型

4.1　GH4169 合金固溶处理晶粒尺寸模型

(1) 固溶处理过程中微观组织

采用 Axiovert 200MAT 光学金相显微镜对材料的金相组织形貌特征进行测试。腐蚀剂配方为 10mL H_2SO_4＋100mL HCl＋10g 无水 $CuSO_4$ 粉末，用棉球蘸取适量腐蚀液轻轻擦拭样品表面 5～10s，然后用清水冲洗，风机吹干后即可观察。

采用 JEM-2000EX 型透射电镜对显微组织进行分析，加速电压为 160kV。透射电镜样品制备过程如下：首先在试样中心处用线切割截取 0.2mm 厚的薄片，通过机械研磨方法减薄至 60μm 左右，再将薄片冲成直径为 3mm 的小圆片，然后对小圆片进行双喷处理。双喷电解液为 5％高氯酸＋乙醇溶液，采用液氮冷却，双喷温度控制在－20℃范围内，电压保持在 50～60V 之间，电流保持在 50～60mA 之间。

采用 LEO-1450 型扫描电镜对材料进行 EBSD 测试分析，将试样沿中心线径向线切割取下 1.5mm 薄片，经机械研磨后在 20％（体积分数）H_2SO_4＋80％甲醇溶液中电解抛光。

采用固溶处理方法可以溶解基体内碳化物，重新析出颗粒细小、分布均匀的碳化物等强化相，同时消除由于冷热加工产生的残余应力，使高温合金发生再结晶，得到适宜的晶粒尺寸及分布均匀性。

高温合金固溶处理制度，加热温度范围为 900～1150℃，保温时间为 5～45min。加热温度分别为 900℃、950℃、1000℃、1050℃、1100℃、1150℃，保温时间分别为 15min、30min、45min、60min。试样加热时，先将电阻炉加热至给定温度，保温 10min，以使炉内温度均匀，然后放入试样，保温到给定时间后，迅速将试样放入水中，以保持其高温状态组织。试样经研磨后采用盐酸加过氧化氢溶液腐蚀，采用光

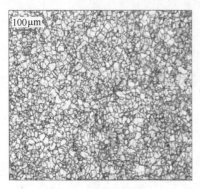

图 4.1　试样原始组织

学显微镜和截线法测量平均晶粒尺寸。GH4169高温合金的原始组织为均匀的等轴晶粒，如图4.1所示，其平均粒尺寸为$13.21\mu m$。

图4.2为不同加热温度时保温15min后的显微组织。分析可知，晶粒长大的过程，晶粒尺寸随加热温度的升高显著长大。在加热温度950℃时，平均晶粒尺寸为$19.97\mu m$，而在加热温度1150℃时，平均晶粒尺寸达到$158.56\mu m$。因此，加热温度对高温合金晶粒尺寸的影响更为显著。

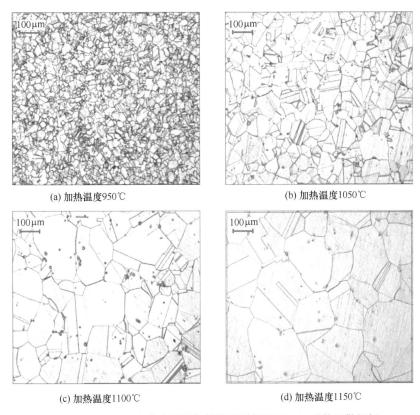

(a) 加热温度950℃

(b) 加热温度1050℃

(c) 加热温度1100℃

(d) 加热温度1150℃

图4.2 GH4169合金在不同加热温度时保温15min后的显微组织

图4.3为加热温度为1050℃，保温时间不同时的微观组织。可以看出，随着保温时间的增加，平均晶粒尺寸明显增大。当保温时间为15min时，平均晶粒尺寸为$30.00\mu m$。当保温时间为60min时，平均晶粒尺寸为$75.58\mu m$。因此，保温时间是影响高温合金晶粒尺寸的重要因素。

平均晶粒尺寸随着保温时间的变化如图4.4所示，在相对低温区（900～1000℃）时，晶粒长大呈线性变化，但斜率随温度的增高逐渐增大。在相对高温区（1050～1150℃）时，晶粒长大呈抛物线变化，随着保温时间的增加，晶粒长大幅度减小。但在此区域晶粒长大明显加快，晶粒粗化严重。从此现象中可以得到这样的结论：δ相对晶粒长大的阻碍作用小于γ''和γ'相。这是因为GH4169合金是一种Nb强化的沉淀硬化型Ni-Fe基高温合金，基体是Ni-Fe基奥氏体（γ相），主要强化相是体心四方的Ni_3Nb（γ''相），此外还存在γ'和δ相等。而γ''和γ'相为亚稳定相，当温度升高时γ''和γ'相向δ相转变，该合金中δ相的固溶线为1000℃，所以我们可以看到当温度高于1050℃时晶粒长大幅度明显增大。

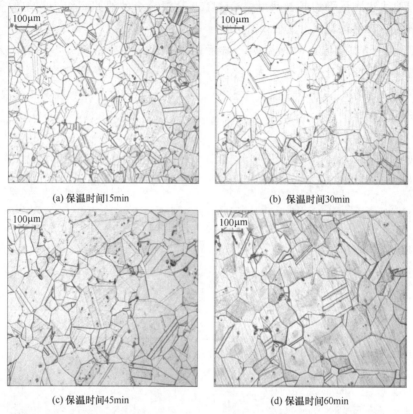

(a) 保温时间15min　　　　　　　　(b) 保温时间30min

(c) 保温时间45min　　　　　　　　(d) 保温时间60min

图 4.3 GH4169 合金在加热温度 1050℃（1323K）时不同保温时间后的显微组织

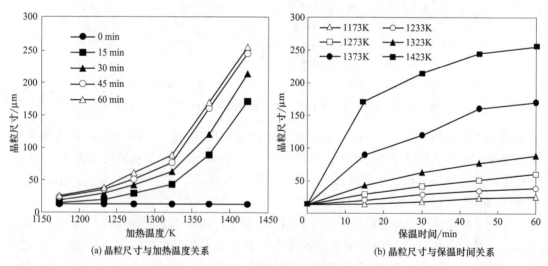

(a) 晶粒尺寸与加热温度关系　　　　　　　　(b) 晶粒尺寸与保温时间关系

图 4.4 GH4169 合金固溶处理晶粒尺寸变化规律

（2）传统模型

目前，预测加热过程中奥氏体晶粒正常长大规律的模型通常采用 Sellars 在分析 C-Mn 钢晶粒等温长大数据后提出的模型[37] 和 Anelli 提出的模型[38]，即式（4.1）和式（4.2）。该模型得到了广泛应用，如 IN718 高温合金热变形时晶粒尺寸计算模型[39]、

IN718 高温合金热变形行为[40]、镍元素对高温合金动态再结晶晶粒尺寸的影响规律[41]、IN718 高温合金轧制变形过程中晶粒尺寸计算模型[42]、GH4169 高温合金等温条件下晶粒尺寸模型[43] 等。

$$d^n = d_0^n + At\exp\left(-\frac{Q}{RT}\right) \tag{4.1}$$

$$d = Bt^m\exp\left(-\frac{Q}{RT}\right) \tag{4.2}$$

式中，d 为最终晶粒尺寸，μm；d_0 为原始晶粒尺寸，μm；t 为保温时间，min；T 为加热温度，K；R 为气体常数；Q 为晶粒长大激活能；A，n，B，m 为常数。

由于高温合金材料的原始晶粒尺寸 $d_0 \ll d$，因此采用式（4.2）来确定高温合金材料在等温条件下晶粒尺寸模型。

为了确定模型常数，将式（4.2）两边取对数，得到：

$$\ln d = \ln B + m\ln t - \frac{Q}{RT} \tag{4.3}$$

利用图 4.4 所示的实验数据，对式（4.3）中 $\ln t$ 和 $1/T$ 线性回归分析，如图 4.5 和图 4.6 所示。

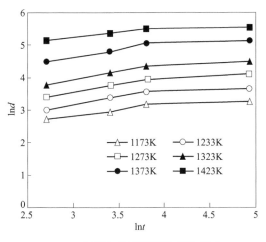

图 4.5 不同加热温度时的晶粒尺寸

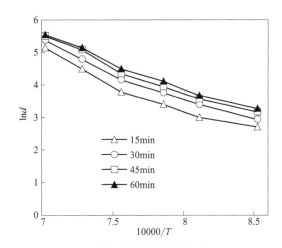

图 4.6 不同保温时间时的晶粒尺寸

通过拟合结果得到 B、m、Q 的值，即 $B = 1.51 \times 10^9$、$m = 0.127507$、$Q = 203124 J/mol$，因此，得到等温条件下的晶粒尺寸模型为：

$$d = 1.51 \times 10^9 t^{0.127507}\exp\left(-\frac{203124}{RT}\right) \tag{4.4}$$

式（4.4）的模型计算结果与实验结果相吻合，如图 4.7 所示。误差分析结果表明，所建立的模型计算值与实验值的最大相对误差为 9.46%。

(3) 分段模型

通过分析图 4.4 所示的 GH4169 合金固溶处理晶粒尺寸变化规律，当加热温度小于 1125℃时，晶粒尺寸随着加热温度的变化比较缓慢，而当加热温度大于 1125℃时，晶粒尺寸随着加热温度的变化程度加强，因此，可以采用分段方法来确定等温条件下晶粒尺寸

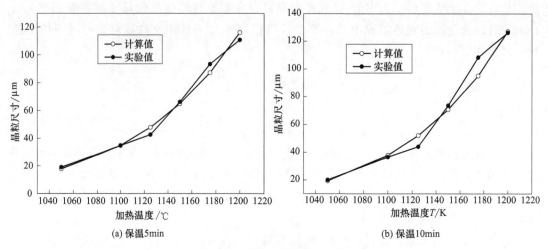

(a) 保温5min   (b) 保温10min

图 4.7　不同加热温度时的计算结果与实验结果对比

模型。

根据图 4.4 所示的晶粒尺寸数据，确定了不同加热温度范围的晶粒尺寸模型：

$$d=2.01\times10^9 t^{0.0849}\exp\left(-\frac{198865}{RT}\right)\quad(1050\sim1125℃)$$

$$d=2.21\times10^9 t^{0.1498}\exp\left(-\frac{205664}{RT}\right)\quad(1125\sim1200℃)\tag{4.5}$$

（4）晶粒尺寸模型

很显然，在式（4.2）中，当等温时间 $t=0$ 时，$d=0$，因此将该式等号右端加上 d_0 是适宜的。于是得到类似的用于描述奥氏体晶粒长大规律的模型，即

$$d=d_0+Bt^m\exp\left(-\frac{Q}{RT}\right)\tag{4.6}$$

由式（4.1）和式（4.6）可得到：

$$d^n=d_0^n+At^m\exp\left(-\frac{Q}{RT}\right)\tag{4.7}$$

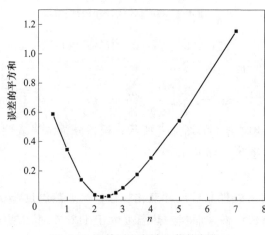

图 4.8　误差平方和随 n 值的变化

为了确定模型中相关参数，根据式（4.7），可以得到：

$$\ln(d^n-d_0^n)=\ln A+m\ln t-\frac{Q}{RT}\tag{4.8}$$

由于式（4.8）中有四个未知量，即 m、A、n、Q，所以不能直接用线性回归确定这四个未知量的值。我们先给定 n 的值，通过对实验数据拟合来确定 A、m、Q 的值和误差值，误差的平方和作为 n 的函数，以回归误差平方和最小为优化目标。误差平方和随 n 的变化如图

4.8 所示，根据计算数据点拟合函数得误差平方和随 n 值变化的函数为：

$$y = 0.76283 - 0.17536n - 0.46652n^2 + 0.25966n^3 - 0.033678n^4 \tag{4.9}$$

对式（4.9）求极值得 $n = 2.75$ 时对应函数的极小值点。n 值确定后，分别对 $\ln t$ 和 $1/T$ 进行线性拟合，如图 4.9 和图 4.10 所示，就可以计算 A、m、Q 的值了，得 $m = 1.456$，$Q = 516.72 \text{kJ/mol}$，$A = 1.51 \times 10^{23} \text{s}^{-1}$。此时相关系数 $r = 0.9995$。得到等温条件下 GH4169 合金晶粒尺寸模型为：

$$d^{2.75} = d_0^{2.75} + 1.51 \times 10^{23} t^{1.45589} \exp\left(-\frac{516720}{RT}\right) \tag{4.10}$$

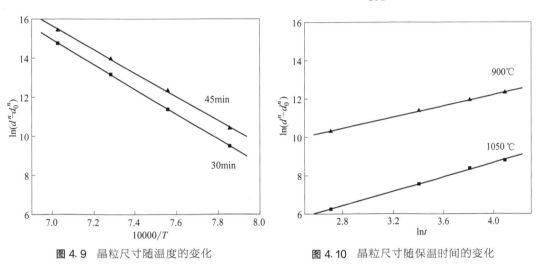

图 4.9　晶粒尺寸随温度的变化　　　　图 4.10　晶粒尺寸随保温时间的变化

建立的模型计算值与实验所得的数据的比较，如图 4.11 所示。通过对计算结果与实验值进行误差分析表明，所建立的晶粒长大模型的计算结果与实验结果之间的最大相对误差为 10.6%。

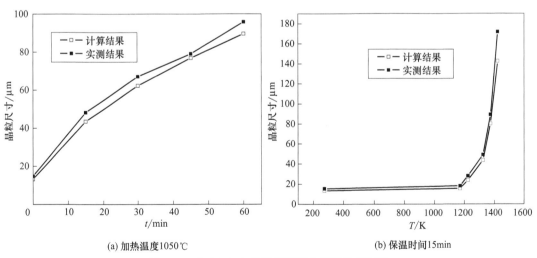

(a) 加热温度1050℃　　　　　　　　(b) 保温时间15min

图 4.11　式（4.10）的计算结果与实验数据对比

研究结果表明，GH4169 合金的晶粒尺寸随着保温时间的增加，加热温度的升高而增大，但该合金晶粒尺寸受温度影响更为显著，当温度高于 1050℃ 时晶粒长大速度明显加快；在 GH4169 合金中，δ 相对晶粒长大的阻碍作用小于 γ″和 γ′相；GH4169 合金晶粒长大激活能为 $Q=516.72$kJ/mol；建立了 GH4169 合金固溶处理时，晶粒尺寸与原始晶粒尺寸、保温时间、加热温度之间的关系模型。

4.2 高温合金热变形微观组织演变规律

(1) 变形温度对微观组织的影响

图 4.12 为应变速率为 $0.01s^{-1}$，真应变为 0.693 时不同变形温度下的组织照片。由图可以看出，不同变形温度下均发生了动态再结晶。变形温度小于 940℃时为混晶组织，随着变形温度的提高，已发生动态再结晶的再结晶晶粒开始长大，最终形成等轴组织。温度高于 1020℃发生了完全的动态再结晶。这说明随变形温度的升高，再结晶容易进行，动态再结晶程度和再结晶晶粒尺寸均随温度的升高而增大。从以上的分析可以得到，当应变速率为 $0.01s^{-1}$ 时，为了得到均匀的等轴组织应该避免在 980℃以下加工。另外，由于再结晶后的晶粒尺寸随着加热温度变化较大，根据具体要求选择变形温度。

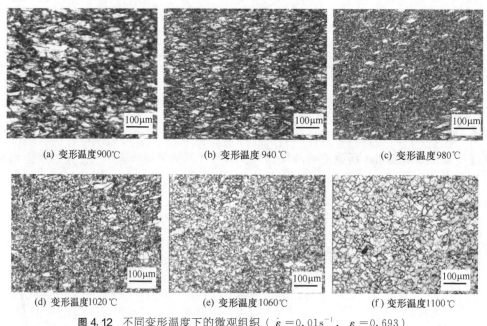

(a) 变形温度900℃   (b) 变形温度 940℃   (c) 变形温度 980℃

(d) 变形温度1020℃   (e) 变形温度1060℃   (f) 变形温度1100℃

图 4.12 不同变形温度下的微观组织（$\dot{\varepsilon}=0.01s^{-1}$，$\varepsilon=0.693$）

(2) 应变速率对微观组织的影响

图 4.13 为变形温度 1020℃，真应变为 0.693 时不同应变速率下变形后试样的显微组织。从图可以看出，不同速率下变形时，试样中均发生了明显的动态再结晶过程，并且随着应变速率的降低，动态再结晶程度增大。当应变速率低于 $0.01s^{-1}$ 时发生了完全的动态再结晶。

(3) 变形程度对微观组织的影响

图 4.14 为变形温度 1020℃，$\dot{\varepsilon}$ 为 $1s^{-1}$ 时不同变形程度下变形后试样的显微组织。可以看到，变形过程中，发生了动态再结晶现象，随着应变的增加，原始晶粒在逐渐被拉

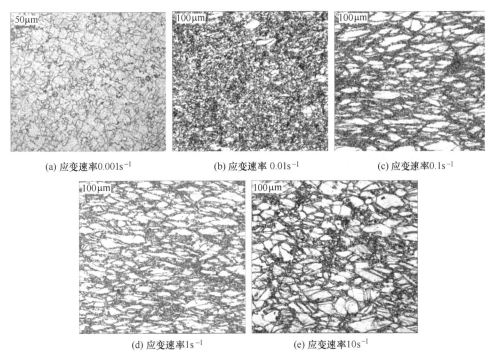

(a) 应变速率0.001s^{-1}　　　　(b) 应变速率 0.01s^{-1}　　　　(c) 应变速率0.1s^{-1}

(d) 应变速率1s^{-1}　　　　(e) 应变速率10s^{-1}

图 4.13　不同应变速率下的微观组织（$T=1060℃$，$\varepsilon=0.693$）

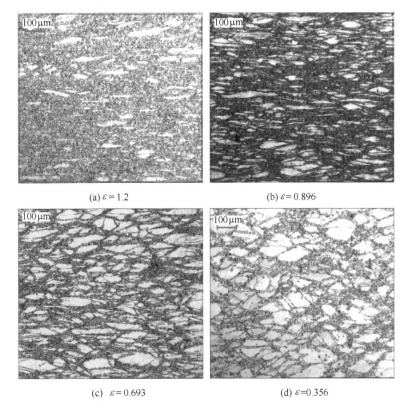

(a) $\varepsilon=1.2$　　　　(b) $\varepsilon=0.896$

(c)　$\varepsilon=0.693$　　　　(d) $\varepsilon=0.356$

图 4.14　不同真应变的微观组织（$T=1020℃$，$\dot{\varepsilon}=1s^{-1}$）

长的同时，其逐渐被新生的动态再结晶晶粒取代，动态再结晶晶粒所占的体积分数随应变的增加逐渐增大，但动态再结晶晶粒尺寸随应变的增加未发生明显变化。由此可得，再结晶量受变形量影响较大，而晶粒尺寸随变形量的增大无明显变化，为了得到细小均匀的组织，根据具体要求适当加大变形量。

(4) 初始晶粒尺寸对微观组织的影响

图 4.15 为变形温度 1060℃，$\dot{\varepsilon}$ 为 $1s^{-1}$ 时不同原始晶粒尺寸变形后试样的显微组织。分析可知，动态再结晶量随晶粒尺寸的增大而减小。这是因为晶界处存在较高的畸变能，动态再结晶首先在晶界处形核。晶粒尺寸越小晶界越长，再结晶形核地点就越多，再结晶量就越大。

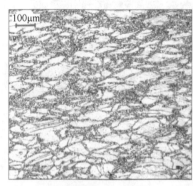 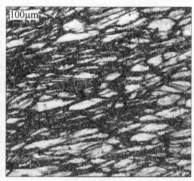

(a) 初始晶粒尺寸32.56μm   (b) 初始晶粒尺寸 63.06μm

图 4.15 不同晶粒尺寸下的微观组织（$T = 1060℃$，$\dot{\varepsilon} = 1s^{-1}$）

GH4169 合金高温压缩塑性变形过程中，动态再结晶量随温度的升高及应变速率的降低，即随着 Z 值的降低而增加；随着变形程度的增大而增加；随着晶粒尺寸的增大而减少。这时发生再结晶需要一定时间积累能量，同时再结晶形核长大也同样需要时间。温度越高积累能量所用的时间就越少，所以再结晶量随温度的升高而增大；同样，应变速率越低，再结晶的时间越长，再结晶程度也就越大；随着变形量的增大，变形体内储存的畸变能增大，再结晶也就更大程度地进行。从组织分析中还可以得到，原始晶粒尺寸对动态再结晶影响较小，所以可得到在一定的变形程度下，为了得到均匀的组织，避免混晶的出现，温度应在 1020～1100℃，应变速率应小于 $1s^{-1}$。

研究结果表明，变形工艺参数对显微组织的影响显著，GH4169 合金高温压缩塑性变形过程中，随变形温度的升高及应变速率的降低，即随着 Z 值的降低动态再结晶的体积分数增加，变形体内由混晶组织逐步过渡到等轴组织；随着变形程度的增大动态再结晶的数量增加，随着晶粒尺寸的增大而减少。

4.3 高温合金热变形运动学方程

(1) 模型的提出

热变形运动学方程是指在塑性变形过程中晶粒尺寸与变形工艺参数之间的数学关系。晶粒尺寸对高温合金锻件的室温性能和高温性能都有显著影响。根据等温恒应变速率压缩试验结果，对于 GH4169 合金，再结晶晶粒尺寸一般都很小，只是在高温低应变速率区晶粒长大较迅速，这与等温条件下的晶粒长大规律相同。并且晶粒尺寸与原始晶粒尺寸无关，仅随温度和应变速率的变化而变化。不同应变速率和温度下 Z 参数与晶粒尺寸的关系如图 4.16 所示。从图中可以看出晶粒尺寸与 Z 参数的关系在一定的温度和应变速率下呈现出相近的斜率。晶粒尺寸随变形温度的变化如图 4.17 所示，从图中可以看出，动态再结晶晶粒尺寸随温度和应变速率呈单调上升。

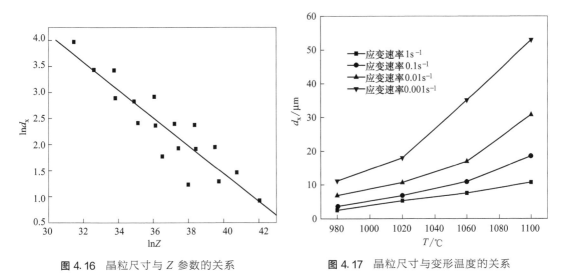

图 4.16　晶粒尺寸与 Z 参数的关系　　　图 4.17　晶粒尺寸与变形温度的关系

采用如下两种形式的方程描述动态再结晶晶粒尺寸 d_x 的变化规律：

$$\ln d_x = c_1 \ln Z - 11150/T + c_2 \tag{4.11}$$

$$\ln d_x = d_1 \ln Z + 0.4 \ln \dot{\varepsilon} + d_2 \tag{4.12}$$

式中，d_x 为动态再结晶晶粒尺寸，μm；$\dot{\varepsilon}$ 为应变速率，s^{-1}；Z 为 Zener-Hollomon 参数；T 为变形温度，K；c_1，c_2，d_1，d_2 为材料常数。

图 4.18 为不同应变速率时，晶粒尺寸（$\ln d_x$）与 Z 参数的关系曲线。图 4.19 为不同温度时，晶粒尺寸与 Z 参数的关系曲线。分析可知，$\ln d_x$ 与 $\ln Z$ 呈现线性关系，而且其

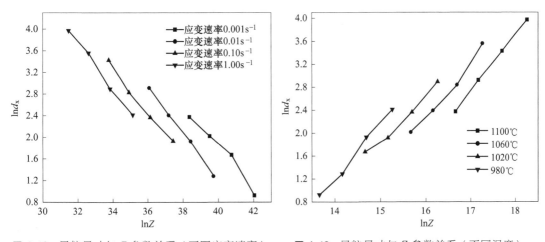

图 4.18　晶粒尺寸与 Z 参数关系（不同应变速率）　　　图 4.19　晶粒尺寸与 Z 参数关系（不同温度）

斜率与应变速率无关，而且其斜率与加热温度也无关。

（2）模型常数的确定

分别对 $\ln Z$ 与 $\ln d_x - 11150/T$ 和 $\ln Z$ 与 $\ln d_x - 0.4\ln\dot{\varepsilon}$ 进行回归，得到不同变形条件下的再结晶晶粒尺寸 Z 参数变化曲线，如图 4.20 所示。

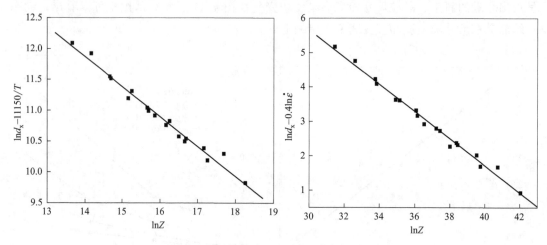

图 4.20 晶粒尺寸（d_x）与 Z 参数的关系

对图 4.20 的曲线进行回归分析，得到直线方程的系数，即 $k_1 = -0.486$，$b_1 = 18.68$，$k_2 = -0.395$，$b_2 = 17.45$，从而得动态再结晶运动学方程为：

$$\ln d_x = -0.486\ln Z - 11150/T + 18.68 \tag{4.13}$$

$$\ln d_x = -0.395\ln Z + 0.4\ln\dot{\varepsilon} + 17.45 \tag{4.14}$$

（3）模型的验证

晶粒尺寸模型计算值与实验值相吻合，如图 4.21 所示，最大相对误差为 8.4%。

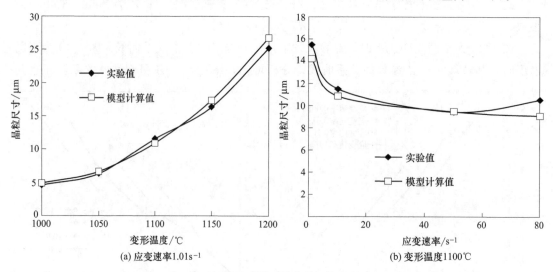

(a) 应变速率 1.01s⁻¹   (b) 变形温度 1100℃

图 4.21 晶粒尺寸模型计算值与实验值比较

研究结果表明，建立了 GH4169 高温合金热变形过程中晶粒尺寸变化模型，分析了变形工艺参数对显微组织的影响，得到 GH4169 合金高温压缩塑性变形过程中，随温度的升高及应变速率的降低，即随着 Z 值的降低动态再结晶的体积分数增加，变形体内由混晶组织逐步过渡到等轴组织；随着变形程度的增大动态再结晶的数量增加，随着晶粒尺寸的增大而减少。为了得到等轴组织加工应在高温低应变速率区，在本书实验参数范围内，变形温度应大于 1020℃，应变速率应小于 $1s^{-1}$。

4.4 高温合金热变形动力学方程

(1) 模型的提出

动态再结晶动力学方程是指在塑性变形过程中发生动态再结晶的体积分数与变形工艺参数之间的数学关系。在金属材料发生动态再结晶现象时，动态再结晶体积分数是反映动态再结晶程度的重要物理量。

根据公开的研究成果，一般都采用唯象的 Avrami 方程描述再结晶动力学转变[44,45]。该模型被应用于 IN690 高温合金[46]、镍合金[47]、GH690 高温合金[48]、GH4169 高温合金[49] 等。

$$X = 1 - \exp\left[-k\left(\frac{\varepsilon - \varepsilon_c}{\varepsilon_{0.5}}\right)^n\right] \tag{4.15}$$

式中，X 为动态再结晶分数；ε 为真应变；ε_c 为临界应变；$\varepsilon_{0.5}$ 为再结晶发生50%时的应变。

通过实验数据可确定 $\varepsilon_{0.5}$ 与热变形工艺参数的关系：

$$\varepsilon_{0.5} = 0.018 d_0^{0.026} Z^{0.06} \tag{4.16}$$

(2) 模型的建立

动态再结晶是金属在热变形中所发生的再结晶软化过程，一般以动态再结晶临界值作为发生动态再结晶的依据。从高温应力-应变曲线和显微组织的观察中都可以看出，在热变形过程中发生了明显的动态再结晶。

图 4.22 为不同应变时的动态再结晶体积分数与变形工艺参数的关系，图 4.23 为动态

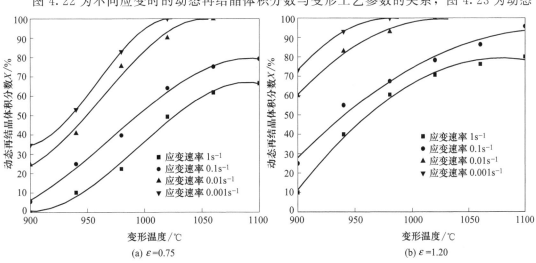

图 4.22　不同应变时的动态再结晶体积分数与变形工艺参数的关系

再结晶量与 Z 参数的关系，图 4.24 为动态再结晶量与温度和应变速率的关系，图 4.25 为动态再结晶量与变形温度和应变速率的关系。由图可知，合金的热变形过程中的动态再结晶体积分数随温度的升高及应变速率的降低而增大，随 Z 参数的减小而增大。一方面，GH4169 合金高温压缩塑性变形过程中，动态再结晶形核长大同样也需要一定的时间。这样，只有当应变速率足够低时，新晶粒才可以形核并长得足够大。所以，只有当温度较高应变速率足够低时，才能形成再结晶新晶核并长大。另一方面，温度是再结晶发生的必要条件，只有温度超过再结晶温度，在一定条件下才会发生再结晶。再者，再结晶的驱动力是能量的积累，只有能量超过再结晶激活能时才能发生再结晶。热变形时的能量来源于两个方面：一是外界加热的热能；二是变形时储存的畸变能。同时在热变形的过程中，与动态再结晶同时存在的是动态回复，动态回复要消耗一定量的畸变能，所以在热变形时的能量主要是在这三种因素的综合作用下积累的。但对于 GH4169 合金，层错能较低，在变形时的主要动态软化机制是动态再结晶，这点在显微组织的观察中已经得到证实。

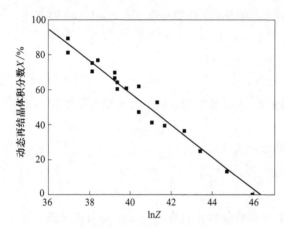

图 4.23 动态再结晶量与 Z 参数的关系 　　图 4.24 动态再结晶量与温度和应变速率的关系

对式（4.15）取两次对数，并整理得：

$$\ln\left(\ln\frac{1}{1-X}\right)=\ln k+n\ln\frac{\varepsilon-\varepsilon_c}{\varepsilon_{0.5}} \tag{4.17}$$

为了确定模型常数，先给定 β 的值，通过对实验数据拟合来确定 n、k 的值和误差值，以回归误差平方和最小为优化目标。确定 β 的值后就可以确定 n、k 的值了。

对 $\ln(\varepsilon-A\varepsilon_c)$ 和 $\ln\left(\ln\frac{1}{1-X}\right)$ 回归，得到各变形温度下的再结晶量与变形量及临界应变的变化曲线，如图 4.26 所示。得 $\beta=1.2$，进而确定 $n=0.643$，$k=0.693$。得动态再结晶运动学方程为：

$$X=1-\exp\left[-0.693\left(\frac{\varepsilon-\varepsilon_c}{\varepsilon_{0.5}}\right)^{0.62}\right] \tag{4.18}$$

（3）模型验证

为了证明所求模型的可靠性，先利用压缩实验的原始数据对模型进行验证。通过上述实验数据与模型数据的对比，得到动态再结晶体积分数模型计算值与实验值对比结果，如图 4.27 所示。可以看到，计算模型预测值与实测值吻合较好，最大相对误差为 8.7%。

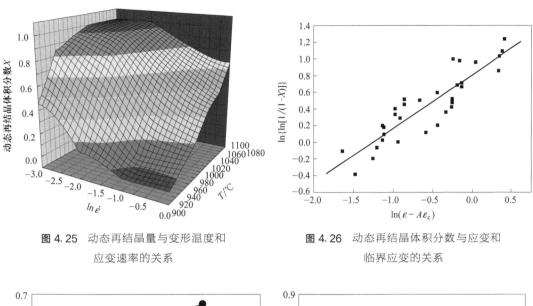

图 4.25 动态再结晶量与变形温度和
应变速率的关系

图 4.26 动态再结晶体积分数与应变和
临界应变的关系

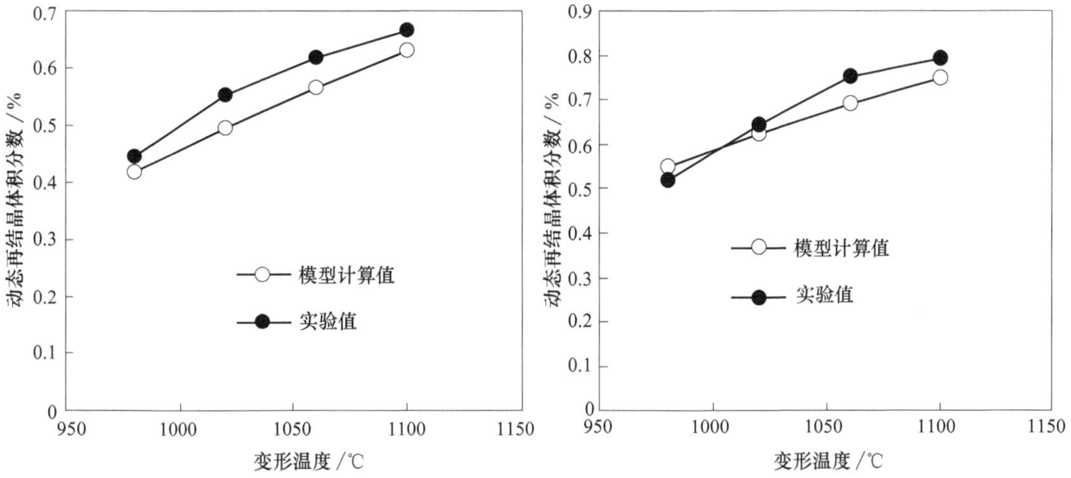

(a) 应变速率 $1s^{-1}$，应变 0.75

(b) 应变速率 $0.1s^{-1}$，应变 0.75

图 4.27 动态再结晶体积分数模型计算值与实验值对比

4.5 高温合金热变形动态再结晶临界条件

4.5.1 基于加工硬化率理论的动态再结晶临界条件

（1）加工硬化率理论

金属材料在塑性变形过程中发生动态再结晶可完全消除加工硬化所积聚的位错和产生的微裂纹，能够极大改善金属材料的热塑性。动态再结晶的临界条件是指材料发生动态再结晶的起始应力和应变，是判断材料在热变形过程中发生动态再结晶的关键条件，对热变形过程的工艺控制具有重要意义。但是在材料的应力-应变曲线上并不能直接显示出发生动态再结晶的条件，不能直接得到临界应变和临界应力。目前还没有准确的方法来确定临界条件的模型，普遍采用的求临界应变方法是 Sellars 经验模型[37]，即 $\varepsilon_c = (0.6 \sim 0.85)$ ε_p。其中，ε_c 为临界应变；ε_p 为峰值应变。

Ryan[50] 在研究奥氏体不锈钢动态软化机制时认为，对于存在应力峰值的曲线，其 θ-σ 曲线呈拐点的特征，这也是由于发生了动态再结晶。Poliak[51] 提出了基于热力学不可逆原理的动力学临界条件，即认为发生动态再结晶临界条件与函数 $f(\sigma) = -d\theta/d\sigma$ 取最小值时所对应的应力有关。应用加工硬化率的方法来确定材料动态再结晶的临界条件具有较高的精度。材料加工硬化率是表征流变应力随应变变化的一个物理量，研究结果表明，加工硬化率 θ（$\theta = d\sigma/d\varepsilon$）与流变应力（$\sigma$）的关系曲线（$\theta$-$\sigma$ 曲线）可以很好地揭示材料变形过程中微观组织的演变规律[52]。该方法应用在 IN718 高温合金[53]、42CrMo 钢[54]、TA15 钛合金[55]、IN690 高温合金[56] 等，获得了理想的研究结果。

因此，采用加工硬化率理论确定动态再结晶临界条件的计算步骤如下。首先，根据材料应力-应变曲线确定流动应力与应变的关系函数：

$$\sigma = f(\varepsilon) \tag{4.19}$$

根据式（4.19）可以得到加工硬化率与应变的关系模型：

$$\theta = \frac{d\sigma}{d\varepsilon} \tag{4.20a}$$

根据式（4.20a）和材料应力-应变曲线，可以得到加工硬化率与流动应力的关系模型：

$$\theta = g(\sigma) \tag{4.20b}$$

根据加工硬化率理论，以流动应力（σ）为自变量的函数 $\phi(\sigma) = -d\theta/d\sigma$ 存在极小值，而此时的流动应力即为临界应力（σ_c）。因此，根据加工硬化率理论的基本概念，得到：

$$\frac{\partial}{\partial \sigma}\left(-\frac{\partial \theta}{\partial \sigma}\right) = 0 \tag{4.21}$$

通过式（4.21）可以得到动态再结晶临界应力（σ_c），再根据材料应力-应变曲线，就可以确定对应于临界应力（σ_c）的临界应变（ε_c）。

采用加工硬化率方法确定高温合金 IN690 发生动态再结晶临界条件。加工硬化率（θ）的定义为材料发生塑性变形时发生加工硬化的程度，数学表达式为 $\theta = d\sigma/d\varepsilon$。图 4.28（a）所示为材料应力-应变曲线上不同区域所对应的加工硬化率变化规律。从图中可以看出，随着应变（ε）值的增大，加工硬化率（θ）值的变化过程可以分四个区域。在 I 区，加工硬化率大于零，逐渐降低；在 II 区，加工硬化率小于零，逐渐降低；在 III 区，加工硬化率小于零，逐渐增大；在 IV 区，加工硬化率趋于稳定，在 0 值附近波动。当应变值（ε）小于稳定应变值（ε_{st}），发生的动态再结晶为连续动态再结晶，而当应变值（ε）大于稳定应变值（ε_{st}）时，加工硬化率（θ）在 0 值附近上下波动，说明发生的动态再结晶是周期型动态再结晶。显然，在一次热拉伸变形过程中，加工硬化率（θ）的变化规律是从正值降低至负值，再从负值增大到 0 值的过程，第一次返回 0 值时的应变值定义为稳定应变（ε_{st}），它所对应的应力-应变曲线上的应力即为稳定应力（σ_{st}）。稳定应变（ε_{st}）是指材料完成动态再结晶时的应变值，如图 4.28（b）所示。

采用加工硬化率方法确定高温合金 IN690 发生动态再结晶临界条件，即当 $g(\sigma) =$

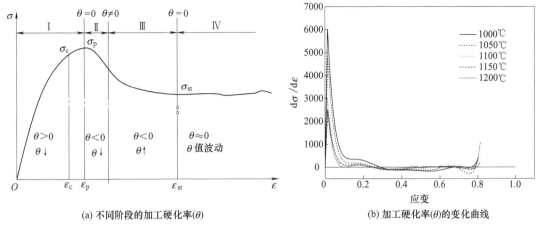

(a) 不同阶段的加工硬化率(θ)　　　　(b) 加工硬化率(θ)的变化曲线

图 4.28　加工硬化率及变化曲线

$-\mathrm{d}\theta/\mathrm{d}\sigma$ 的函数取最小值时所对应的应变值即为临界应力 (σ_c)，与临界应力 (σ_c) 对应的就是临界应变 (ε_p)。采用加工硬化率的方法确定材料的动态再结晶临界条件时，计算步骤包括：①在 $0 < \varepsilon < \varepsilon_p$ 范围内，对材料真应力-真应变曲线进行数学拟合，得到真应力 (σ) 与真应变 (ε) 的数学表达式 $\sigma = f(\varepsilon)$；②确定加工硬化率的表达式，即 $\theta = \mathrm{d}\sigma/\mathrm{d}\varepsilon = f'(\varepsilon)$；③根据应力-应变曲线，确定 $\theta = g(\sigma)$ 的表达式，当 $\phi(\sigma) = -\mathrm{d}\theta/\mathrm{d}\sigma = -g'(\sigma)$ 取最小值时的应变值即为临界应力 (σ_c)；④再根据真应力-真应变曲线确定对应于临界应力 (σ_c) 的临界应变 (ε_c)；⑤重复以上步骤，即可确定不同变形温度和应变速率条件下的临界应变和临界应力。

(2) 应力-应变曲线

锻态高温合金 IN690，在 Gleeble3800 热模拟实验机上完成了恒温、恒应变速率的压缩实验，变形温度 (T) 分别为 1000℃、1050℃、1100℃、1150℃ 和 1200℃；应变速率分别为 $1\mathrm{s}^{-1}$、$10\mathrm{s}^{-1}$、$50\mathrm{s}^{-1}$、$80\mathrm{s}^{-1}$，变形量 70%，所有试样变形后进行快速水冷。不同变形条件下的真应力-真应变曲线，如图 4.29 所示。

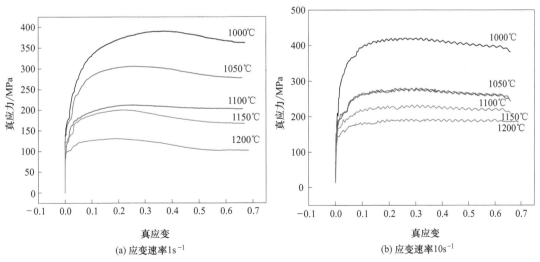

(a) 应变速率1s^{-1}　　　　　　　　　　(b) 应变速率10s^{-1}

图 4.29

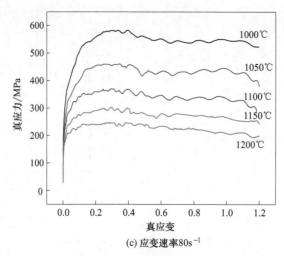

图 4.29　IN 690 高温合金真应力-真应变曲线

(c) 应变速率80s^{-1}

（3）临界条件的确定

采用加工硬化率的方法来确定高温合金 IN690 的动态再结晶临界条件时，首先确定

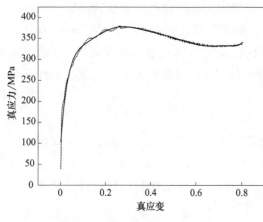

图 4.30　真应力-真应变曲线

（$T=1000℃$，$\dot{\varepsilon}=1s^{-1}$）

应力-应变曲线上对应各应变（应力）下的斜率。考虑到实际的应力-应变曲线并不光滑，难以直接确定加工硬化率。首先对真应力-真应变曲线进行非线性拟合，使真应力-真应变曲线光滑，再根据拟合的曲线求加工硬化率。

　　下面以变形温度为 1000℃，应变速率为 $1s^{-1}$ 时应力-应变曲线为例，说明求解动态再结晶的临界条件的计算步骤。其真应力-真应变曲线如图 4.30 所示。对应力-应变曲线进行非线性拟合，得到拟合方程，见式（4.22）。

$$\sigma = -3812295\varepsilon^4 + 808453\varepsilon^3 - 101332\varepsilon^2 + 7211\varepsilon + 105 \qquad (4.22)$$

因为临界应变值小于峰值应变值，所以，取 0 到峰值应变之间的一段曲线作为研究对象。在应力-应变曲线上，一点的斜率定义为加工硬化率，即 $\theta = d\sigma/d\varepsilon \approx \Delta\sigma/\Delta\varepsilon$。这样，就可以得到各个应变（应力）条件下的加工硬化率，绘制得到的曲线如图 4.31 的虚线所示。对图 4.31 的虚线进行三次方拟合，得到的拟合方程见式（4.23）。

$$\theta = -0.00131\sigma^3 + 1.44125\sigma^2 - 532.71983\sigma + 66301.55569 \qquad (4.23)$$

对式（4.23）求导数，得到式（4.24）：

$$f(\sigma) = -\frac{d\theta}{d\sigma} = +0.00393\sigma^2 - 2.8825\sigma + 532.71983 \qquad (4.24)$$

根据式（4.24）绘制 $-d\theta/d\sigma$ 与 σ 的关系曲线，如图 4.32 所示。

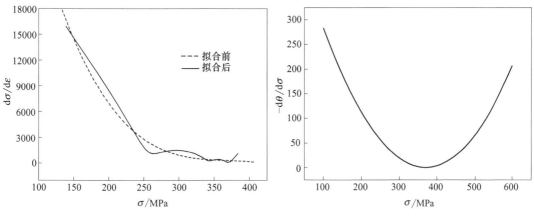

图 4.31 加工硬化率（$d\sigma/d\varepsilon$）与应力的曲线 　　　**图 4.32** $-d\theta/d\sigma$ 与 σ 关系曲线

当式（4.24）取最小值时，即图 4.32 曲线的最低点所对应的应力为即为临界应力（σ_c），其值为 366.73MPa。再根据图 4.30 的曲线，可以确定临界应力（σ_c）所对应的临界应变为 0.2040219。在图 4.30 的应力-应变曲线上可以直接读出峰值应力（σ_p）所对应的峰值应变，$\varepsilon_p=0.26427$，显然满足 $\varepsilon_c=(0.6\sim0.85)\varepsilon_p$。

根据以上的分析方法，可以得到 IN690 合金在不同条件下的动态再结晶时的临界应力和临界应变，见图 4.33。从图 4.33（a）可知，IN690 合金的临界应力和临界应变随着变形温度的升高而降低，说明温度升高有利于发生动态再结晶。从图 4.33（b）可以看出，应变速率对临界应力及应变都产生有益的影响，即随着应变速率的升高，临界条件也升高，这主要是因为当变形速率较高时没有充分的时间形成再结晶的晶核，从而使再结晶发生得比较慢，所以临界应力和临界应变滞后。

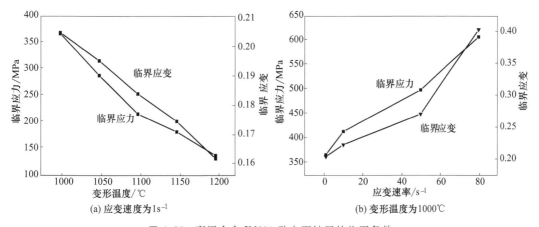

图 4.33 高温合金 IN690 动态再结晶的临界条件

为了进一步分析临界条件与变形参数的关系，引入了 Zener-Hollomon 参数 $[Z=\dot{\varepsilon}\exp(Q/RT)]$。$Q$ 为变形激活能。根据图 4.29 的实验曲线及式（4.25），可以求得变形激活能 $Q=688641\mathrm{J/mol}$。

$$Q=Rn\frac{\partial[\ln\sinh(\alpha\sigma)]}{\partial\ln(1/T)} \tag{4.25}$$

根据实验结果，可以计算出临界变形条件、峰值条件及参数 Z 的计算结果，并绘制

$\ln\varepsilon_c$-$\ln Z$、$\ln\varepsilon_p$-$\ln Z$ 和 $\ln\sigma_c$-$\ln Z$ 曲线，如图 4.34 所示。根据图 4.34 的曲线，得到临界变形条件分别为：

$$\left.\begin{array}{l}\varepsilon_c=0.0164Z^{0.04114}\\[4pt]\varepsilon_p=0.0149Z^{0.04686}\\[4pt]\sigma_c=0.6135Z^{0.09838}\end{array}\right\} \tag{4.26}$$

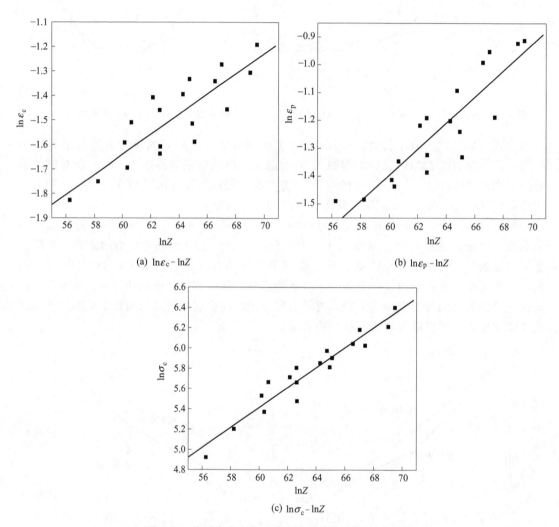

(a) $\ln\varepsilon_c$-$\ln Z$ (b) $\ln\varepsilon_p$-$\ln Z$

(c) $\ln\sigma_c$-$\ln Z$

图 4.34 临界应变与临界应力以及参数 Z 的关系曲线

(4) 动态再结晶时的稳态应变

稳定应变（ε_{st}）是指材料完成动态再结晶时的应变值。如图 4.35 所示为不同应变速率下的加工硬化率-应变曲线。分析可知，随着应变（ε）的增加，加工硬化率（θ）迅速达到最大值后逐渐降低，达到小于 0 的一个极小值。而当加工硬化率 $\theta=0$ 时的应变就是峰值应变（ε_p）。随着应变的继续增大，加工硬化率（θ）又增加到 0 值，在较低的应变速率时加工硬化率（θ）维持在 0 值附近，说明此时发生的动态再结晶为连续的动态再结晶，而在应变速率较高时加工硬化率（θ）在 0 上下波动，说明发生的是周期型的动态再结晶，可以把加工硬化率（θ）第一次返回 0 值时的应变定义为稳定应变（ε_{st}），它所对应的应力-应变曲线上的应力值即为稳定应力（σ_{st}）。

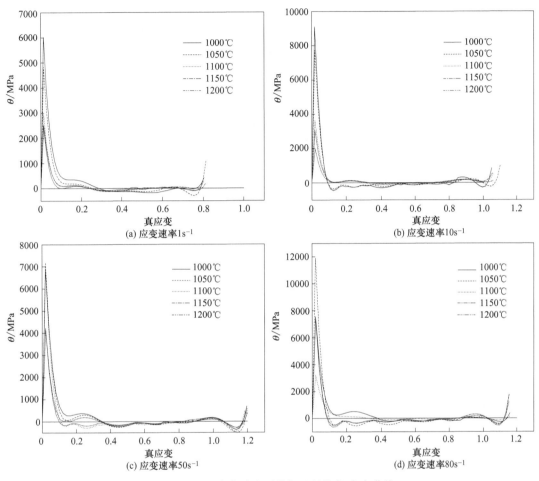

图 4.35 不同应变速率时的加工硬化率-应变曲线

图 4.36 为稳态应变（ε_{st}）与应变速率（$\dot{\varepsilon}$）和变形温度（T）的关系曲线，由图可见，随着应变速率的增加和变形温度的降低，稳态应变（ε_{st}）增加，并且随着应变速率的增加，变形温度对稳态应变（ε_{st}）的影响逐渐减弱。这主要是因为当变形温度降低和应变速率升高时动态再结晶比较困难，所以动态再结晶达到稳态就比较滞后，因此在热变形过程中应避免温度过低和应变速率过高。

采用 Kopp 模型[57] 确定高温合金

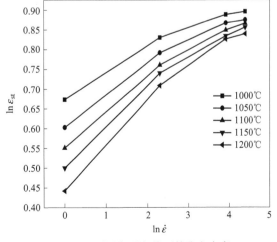

图 4.36 不同变形条件下的稳态应变

材料的稳态应变与 Z 关系模型。

$$\varepsilon_{st} = k_3 Z^{n_2} \tag{4.27}$$

根据图 4.36 的实验数据，利用线性拟合方法确定模型中的参数 k_3、n_2 值，$k_3 = 0.0463$，$n_2 = 0.04384$。因此，动态再结晶完成时的稳态应变模型就可以确定，见式（4.28）。

$$\varepsilon_{st} = 0.0463 Z^{0.04384} \tag{4.28}$$

研究结果表明：①材料在发生动态再结晶时，其加工硬化率与应力的关系曲线呈现拐点，并且当 $-\partial\theta/\partial\sigma$-$\sigma$ 曲线取最小值时所对应的应力值即为材料发生动态再结晶的初始值，即临界应力（σ_c）。应变速率对临界条件产生负影响，变形温度对临界条件产生有益的影响。②对于高温合金 IN690，在应变速率 $1 \sim 80s^{-1}$ 和变形温度 $1000 \sim 1200\text{°C}$ 条件下的变形激活能为 688641J/mol。③对于高温合金 IN690，临界条件和峰值条件随着 Z 参数的增大而增大，确定了临界应变、临界应力、峰值应变、稳态应变与变形工艺参数关系模型。

4.5.2　基于新加工硬化率理论的动态再结晶临界条件

(1) 新加工硬化率理论的基本概念

笔者提出一种新的材料加工硬化率方法，即当 $g(\varepsilon) = -d\theta/d\varepsilon$ 的函数取最小值时所对应的应变值即为临界应变（ε_c），与临界应变（ε_c）对应的就是临界应力（σ_c）。新加工硬化率理论的基本思路就是以应变为自变量，来计算动态再结晶临界条件，使计算过程更加简单容易。

采用新加工硬化率理论确定动态再结晶临界条件的计算步骤如下。首先，根据材料应力-应变曲线确定流动应力与应变的关系函数：

$$\sigma = f(\varepsilon) \tag{4.29}$$

根据式（4.29），可以得到加工硬化率与应变的关系模型：

$$\theta = \frac{d\sigma}{d\varepsilon} \tag{4.30}$$

根据新加工硬化率理论，函数 $\phi(\varepsilon) = -d\theta/d\varepsilon$ 存在极小值，而此时的应变即为临界应变（ε_c）。因此，根据新加工硬化率理论的基本概念，得到：

$$\frac{\partial}{\partial\varepsilon}\left(-\frac{\partial\theta}{\partial\varepsilon}\right) = 0 \tag{4.31}$$

通过式（4.31）可以得到动态再结晶临界应变（ε_c），再根据材料应力-应变曲线，就可以确定对应于临界应变（ε_c）的临界应力（σ_c）。

采用新加工硬化率的方法确定材料的动态再结晶临界条件时，计算步骤如下。

第一步，在 $0 < \varepsilon < \varepsilon_p$ 范围内，对材料真应力-真应变曲线进行数学拟合，得到真应力（σ）与真应变（ε）的数学表达式：

$$\sigma = f(\varepsilon) \tag{4.32}$$

第二步，确定加工硬化率的表达式，即

$$\theta = d\sigma/d\varepsilon = f'(\varepsilon) \tag{4.33}$$

第三步，根据式（4.33）可以得到：

$$g(\varepsilon) = -\mathrm{d}\theta/\mathrm{d}\varepsilon = f''(\varepsilon) \tag{4.34}$$

当式（4.34）取最小值时的应变值即为临界应变（ε_c）。对式（4.35）求导数，得到：

$$g'(\varepsilon) = f'''(\varepsilon) = 0 \tag{4.35}$$

根据式（4.35）即可得到临界应变（ε_c）。

第四步，再根据真应力-真应变曲线，可以确定对应于临界应变（ε_c）的临界应力（σ_c）。

第五步，重复以上步骤，即可确定不同变形温度和应变速率条件下的临界条件。

（2）临界条件的确定

不同条件下的 GH4169 高温合金的真应力-真应变曲线如图 4.37 所示。热模拟压缩变形温度分别为 $980\sim1100℃$，应变速率分别为 $0.1\sim50\mathrm{s}^{-1}$。

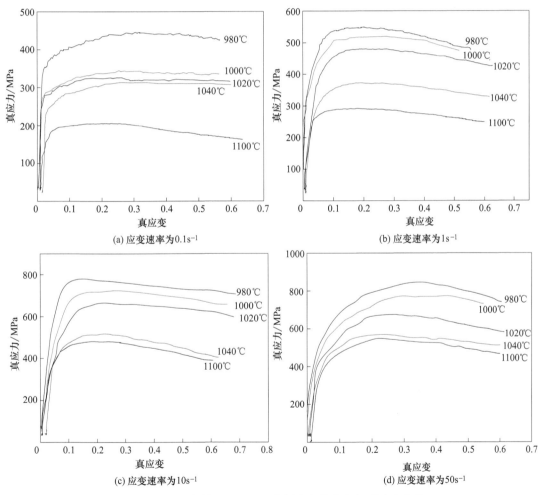

图 4.37 不同条件下 GH4169 高温合金的真应力-真应变曲线

以 GH4169 高温合金在变形温度 980℃、应变速率 $1\mathrm{s}^{-1}$ 条件下的真应力-真应变曲线为例，如图 4.38 所示，来说明采用新加工硬化率理论求解动态再结晶临界条件的计算步骤。根据图 4.38 所示的应力-应变曲线，得到峰值应变为 0.2032，因为临界应变要小于峰值应变，即 $\varepsilon_p > \varepsilon_c > 0$。所以，采用新加工硬化率方法时，应变取值范围是 $\varepsilon_p > \varepsilon > 0$，以提高计算精度，如图 4.39 所示。

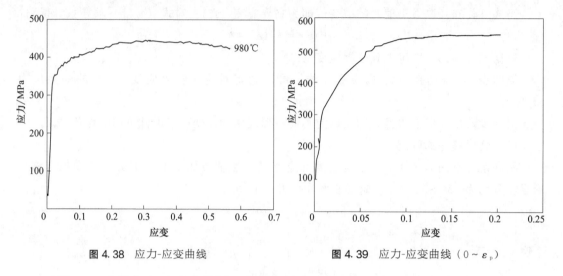

图 4.38　应力-应变曲线　　　　　　图 4.39　应力-应变曲线（$0 \sim \varepsilon_p$）

对图 4.39 中的应力-应变曲线用四次方程拟合，得到如下的方程：

$$\sigma = -1433830\varepsilon^4 + 752344\varepsilon^3 - 144073\varepsilon^2 + 12120\varepsilon + 155.02 \tag{4.36}$$

对式（4.36）求导数，得到式（4.37）：

$$\theta = \frac{d\sigma}{d\varepsilon} = -5735320\varepsilon^3 + 2257032\varepsilon^2 - 288146\varepsilon + 12120 \tag{4.37}$$

对式（4.37）求导数，得到式（4.38）：

$$g(\varepsilon) = -\frac{d\theta}{d\varepsilon} = 17205960\varepsilon^2 - 4514064\varepsilon + 288146 \tag{4.38}$$

对于式（4.38）表示的加工硬化率梯度与应变的关系曲线，如图 4.40 所示。当图

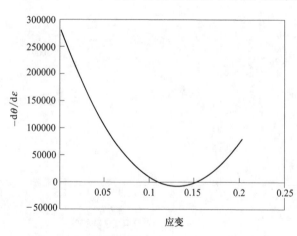

图 4.40　加工硬化率梯度（$-d\theta/d\varepsilon$）变化曲线

4.39 曲线取极小值的时候，曲线的极小值点的横坐标对应的值即为临界应变，可以确定在变形温度 980℃、应变速率 $1s^{-1}$ 时的临界应变的值为 0.1312。再依据图 4.38 中的曲线，可以得到对应于临界应变的临界应力的值为 542MPa，峰值应变可直接从图 4.38 中的应力-应变曲线中得到，即峰值应变为 0.20325，则 $\varepsilon_c/\varepsilon_p = 0.6453$，显然，满足 Sellars 经验模型。

采用以上相同计算过程，得到不同变形工艺参数条件下的临界应变和临界应力。绘制临界应变和临界应力与变形工艺参数之间的关系曲线，如图 4.41 所示。分析可知，临界应变和临界应力与变形温度和应变速率密切相关。

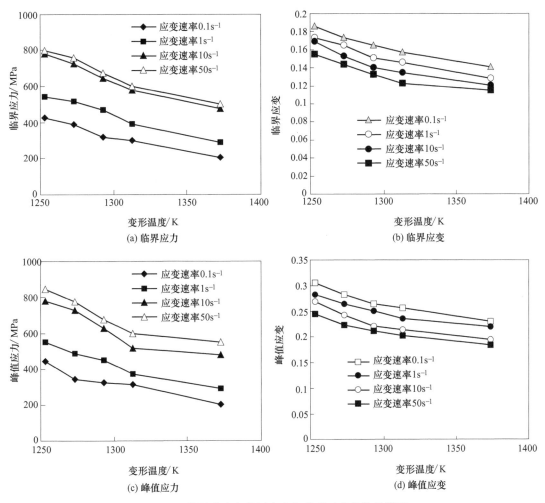

图 4.41 临界应变和临界应力与变形工艺参数的关系

（3）临界应变、临界应力与工艺参数关系模型

根据图 4.41 的计算结果，能够得到临界应变、临界应力、峰值应变与变形工艺参数之间的关系曲线，即 $\ln\varepsilon_c$-$\ln Z$、$\ln\varepsilon_p$-$\ln Z$ 和 $\ln\sigma_c$-$\ln Z$ 的关系曲线，如图 4.42 所示。

根据图 4.42 的数据，即可得到 GH4169 高温合金临界应变、临界应力、峰值应变与变形工艺参数的关系模型，见式（4.39）。

$$\left.\begin{array}{l}\varepsilon_c = 0.01599 Z^{0.03163} \\ \varepsilon_p = 0.20245 Z^{0.10861} \\ \sigma_c = 0.04118 Z^{0.0246}\end{array}\right\} \quad (4.39)$$

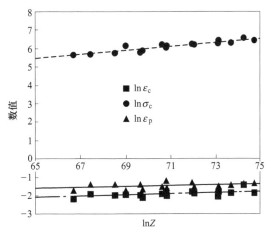

图 4.42 临界应变、临界应力与峰值应力
和工艺参数关系曲线

(4) 稳态应变与工艺参数关系模型

图 4.43 为变形温度 1100℃，应变速率 10s^{-1} 时的加工硬化率与应变的关系曲线。根据曲线可以得出，在变形温度为 1100℃、变形速率为 10s^{-1} 时的稳态应变的值为 $\varepsilon_{st} = 0.1911$。重复上述的方法，得到不同变形工艺参数条件下的稳态应变的值，绘制 lnε_{st}-ln$Z$ 曲线，如图 4.44 所示。

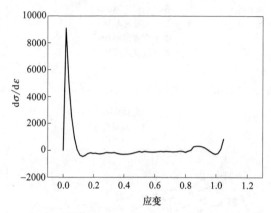

图 4.43　GH4169 高温合金加工硬化率与应变关系曲线

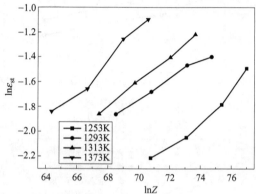

图 4.44　稳态应变与工艺参数关系曲线

根据图 4.44 的实验数据，可以得到 k_3 与 n_2 的值，即 $k_3 = 0.002$，$n_2 = 0.0961$，所以稳态应变与工艺参数的模型为：

$$\varepsilon_{st} = 0.002Z^{0.0961} \tag{4.40}$$

高温合金管材热挤压变形多场耦合模拟

5.1 初始条件

对 IN690 高温合金管材挤压变形时的动态再结晶规律进行模拟研究，综合考虑坯料变形热与模具之间的摩擦条件、变形速度、热传导条件等因素的影响，分析变形区温度场、应变场、应力场、组织演变等分布规律，分析挤压工艺参数对动态再结晶组织及晶粒尺寸的影响规律，进而优化挤压工艺参数，得到合理的挤压工艺参数范围，为工程实践和实际生产奠定理论基础。

（1）材料参数

IN690 高温合金的热物理性能泊松比、弹性模量、热传导系数、热膨胀系数等如图 5.1 所示。从图中可以看出，随着变形温度的升高，热传导系数、比热容和热膨胀系数均随之增大，而弹性模量和剪切模量则随之减小。

IN690 高温合金管材挤压模具材料选用热作模具钢 H13，其具有良好的高温性能，其热物理性能如表 5.1 和表 5.2 所示。

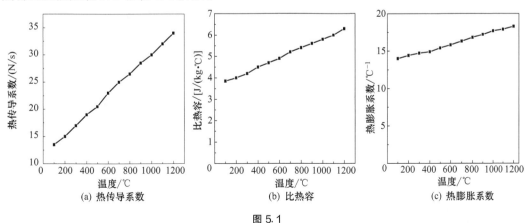

图 5.1

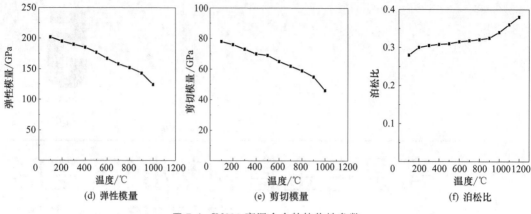

(d) 弹性模量　　　　(e) 剪切模量　　　　(f) 泊松比

图 5.1　IN690 高温合金的热物性参数

⊡ 表 5.1　H13 钢的热物理性能

材料	密度 /(kg/m³)	弹性模量 /GPa	泊松比	热导率 /[W/(m·℃)]	比热容 /[J/(kg·℃)]
H13	7800	210	0.28	28.4	560

⊡ 表 5.2　H13 钢的热膨胀系数

变形温度/℃	100	200	300	400	500	600	700
$\alpha \times 10^{-6}$	9.1	10.3	11.5	12.2	12.8	13.2	13.5

(2) 挤压工艺参数

根据相关文献介绍的研究成果，如高温合金管材挤压变形及挤压工艺优化方法[58]、GH4169 合金管材正挤压工艺数值模拟[59]、IN690 合金管材热挤压成形温度场分布规律[60] 等，确定了 IN690 高温合金管材挤压工艺参数。

挤压坯料尺寸为外径 $\phi120$mm、内径 $\phi43.4$mm、长度 200mm；挤压管材外径/内径（mm）分别为 $\phi74/\phi43$、$\phi70/\phi43$、$\phi66/\phi43$；挤压模具尺寸为挤压针直径 $\phi43$mm、凹模模孔直径 $\phi74$mm、$\phi70$mm、$\phi66$mm，挤压筒直径 $\phi120.5$mm；模具预热温度为挤压针 150℃、挤压垫 700℃、挤压筒和凹模 350℃；坯料预热温度（T）分别为 1100℃、1150℃、1200℃、1250℃；挤压速度（v）分别为 10mm/s、40mm/s、80mm/s、100mm/s、150 mm/s；挤压比（G）分别为 3.46、4.11、5.00；摩擦系数（μ）分别为 0.1、0.2、0.3。

(3) 几何模型

挤压模具由挤压轴、挤压垫、挤压针、挤压筒、挤压凹模、挤压坯料组成。挤压坯料为塑性变形体，其余部分为刚性体。在利用商业模拟软件进行数值模拟时，通常可以将模具进行适当的简化。如图 5.2 所示，将 IN690 管材的挤压模具简化为以下几部分：挤压凸模、挤压垫、管坯、挤压针、挤压筒和

图 5.2　有限元几何模型

1—挤压凸模；2—挤压坯料；3—挤压筒；
4—挤压凹膜；5—挤压针；6—挤压垫

挤压凹膜。利用管材的对称性，同时为了使模拟更容易进行，所以选择建立 1/4 的有限元模型。

（4）微观组织演变模型

IN690 高温合金热变形微观组织演变模型包括临界应变、动态再结晶、晶粒尺寸演变、流动应力模型，见式（5.1）～式（5.7）。

临界应变：

$$\varepsilon_{\mathrm{c}} = 0.00742 Z^{0.05827} \tag{5.1}$$

动态再结晶：

$$\ln d_{\mathrm{x}} = -0.19 \ln Z - 1150/T + 16.01489 \tag{5.2}$$

$$\varepsilon_{\mathrm{st}} = 0.0274 Z^{0.0554} \tag{5.3}$$

$$X_{\mathrm{DRX}} = 1 - \exp\left[-1.027\left(\frac{\varepsilon - \varepsilon_{\mathrm{c}}}{\varepsilon_{\mathrm{st}} - \varepsilon_{\mathrm{c}}}\right)^{1.096}\right] \tag{5.4}$$

式中，ε 为应变；ε_{c} 为临界应变；$\varepsilon_{\mathrm{st}}$ 为稳态应变；d_{x} 为动态再结晶晶粒尺寸，$\mu\mathrm{m}$；Z 为 Zener-Hollomon 参数，$Z = \dot{\varepsilon} \exp[Q/(RT)]$；$T$ 为变形温度，K；X_{DRX} 为动态再结晶体积分数，%；Q 为变形激活能，与材料有关，J/mol。

在等温条件下，晶粒尺寸演变模型：

$$d = 2.01 \times 10^9 t^{0.0849} \exp\left(-\frac{198865.636}{RT}\right) \quad (T \leqslant 1125\,^{\circ}\mathrm{C}) \tag{5.5}$$

$$d = 2.21 \times 10^9 t^{0.1498} \exp\left(-\frac{205664.437}{RT}\right) \quad (T > 1125\,^{\circ}\mathrm{C}) \tag{5.6}$$

式中，d 为晶粒尺寸，$\mu\mathrm{m}$；t 为保温时间，s；R 为气体常数，$R = 8.314\mathrm{J/(mol \cdot K)}$；$T$ 为加热温度，K。

流动应力模型：

$$\dot{\varepsilon} = 7.52 \times 10^{26} [\sinh(0.003259\sigma)]^{7.5325} \exp\left(-\frac{688641}{RT}\right) \tag{5.7}$$

式中，$\dot{\varepsilon}$ 为应变速率，s^{-1}；σ 为流变应力，MPa；T 为变形温度，K；R 为气体常数，$R = 8.314\mathrm{J/(mol \cdot K)}$。

系统设定当单元发生动态再结晶的体积分数大于 95% 时为完全动态再结晶，此时晶粒尺寸为动态再结晶晶粒尺寸，随后晶粒长大；对未能发生完全再结晶单元的晶粒尺寸采用平均晶粒尺寸 $\overline{d}$ 表示，$\overline{d} = (1 - X_{\mathrm{DRX}})d_0 + X_{\mathrm{DRX}}d_{\mathrm{DRX}}$。式中，$d_0$、$d_{\mathrm{DRX}}$ 分别为原始晶粒尺寸和动态再结晶晶粒尺寸；X_{DRX} 为动态再结晶体积分数。

5.2 程序开发

采用塑性变形过程模拟商业软件不仅能够实现温度场和应力应变场的耦合，还能实现对微观组织演变规律的预测功能。不过这需要通过建立相应微观组织演变模型，并运用 Fortran 语言对商业软件进行二次开发才能实现其组织模拟功能。

为了实现对 IN690 高温合金挤压管材模拟微观组织演变的预测功能，需要对商业软件中二次开发端口 UGRAIN 和 PLOVT 进行 Fortran 语言编译用户子程序开发。UGRAIN 可以基于材料的变形状态，如应变、应变速率和温度等，计算相应的晶粒尺寸；PLOVT 可以在后处理文件输出用户自定义的变量。UGRAIN 子程序流程如图 5.3 所示。

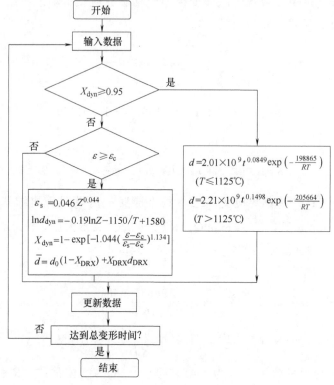

图 5.3 用户子程序流程图

5.3 温度场分布规律

5.3.1 变形区温度场分布

(1) 挤压行程对温度场的影响

当挤压针的预热温度为 150℃、挤压筒和凹模的预热温度为 350℃、挤压垫的预热温度为 700℃ 时，在变形温度 1200℃、挤压速度 40mm/s、挤压比 3.46、摩擦系数 0.1 条件下，挤压变形过程中的温度场分布如图 5.4 所示，可以看出，随着挤压行程的进行，管材的最高温度呈下降的趋势，在挤压行程（s）为 160mm 时，管材的最高温度降为 1220℃。随着挤压的继续进行，管材的最高温度降低，因为在挤压后期管材在模具中的时间较长，与模具接触的时间较长，模具与管材之间发生的热量传递较多，所以温度会逐渐降低。此外，管材的最高温度出现在模具出口处前方的管壁中心，因为此处为变形结束区，产生的变形热最多，管材的温度最高。与模具接触的地方管材温度降低明显。所以管材外壁的温降较大，坯料的尾部温降最大，因为尾部与挤压垫接触时间最长。

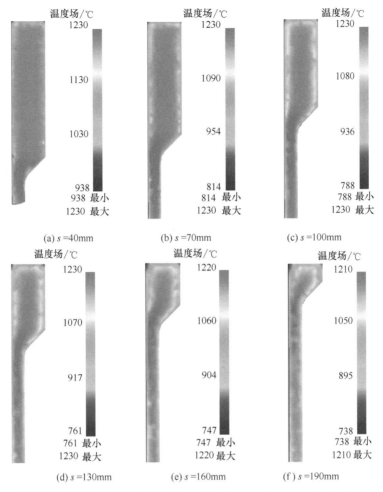

温度场/℃	温度场/℃	温度场/℃
1230	1230	1230
1130	1090	1080
1030	954	936
938	814	788
938 最小	814 最小	788 最小
1230 最大	1230 最大	1230 最大
(a) s=40mm	(b) s=70mm	(c) s=100mm

温度场/℃	温度场/℃	温度场/℃
1230	1220	1210
1070	1060	1050
917	904	895
761	747	738
761 最小	747 最小	738 最小
1230 最大	1220 最大	1210 最大
(d) s=130mm	(e) s=160mm	(f) s=190mm

图 5.4　挤压行程过程中的温度场分布（T=1200℃，v=40mm/s，G=3.46，μ=0.1）

（2）变形温度对管材温度场的影响

在挤压速度 40mm/s，挤压比 3.46，摩擦系数 0.1 时，不同变形温度条件下，在挤压行程（s）为 100mm 时挤压管材的温度场分布如图 5.5 所示。图 5.6 为不同变形温度条件下，在挤压行程（s）为 100mm 时挤压管材在壁厚方向的温度分布。分析可知，随着变形温度的升高，因变形产生的温升逐渐减小，变形温度为 1100℃ 时，管材最高温升为50℃，而变形温度为 1250℃ 时，管材最高温升为 20℃。不同的变形温度下，管材的温度场和模具出口处温度的分布规律相同，都是管材中间温度高，靠近模具的内壁和外壁温度低，并且内壁的温度低于外壁的温度。

（3）挤压速度对管材温度场的影响

在变形温度 1200℃、挤压比 3.46、摩擦系数 0.1、挤压行程 100mm 时，不同挤压速度条件下挤压管材的温度场分布如图 5.7 所示。图 5.8 为不同挤压速度条件下，在挤压行程 100mm 时挤压管材在壁厚方向的温度分布。分析可知，随着挤压速度的增大，管材的最高温度增大，在挤压速度为 10mm/s 时，管材最高温度为 1117℃。而在挤压速度为150mm/s 时，管材的最高温度为 1237℃。不同的挤压速度条件下，管材的温度场分布规

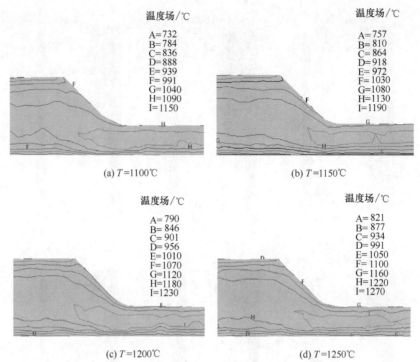

图 5.5　变形温度对挤压管材温度场的影响（$v=40\text{mm/s}$，$G=3.46$，$\mu=0.1$，$s=100\text{mm}$）

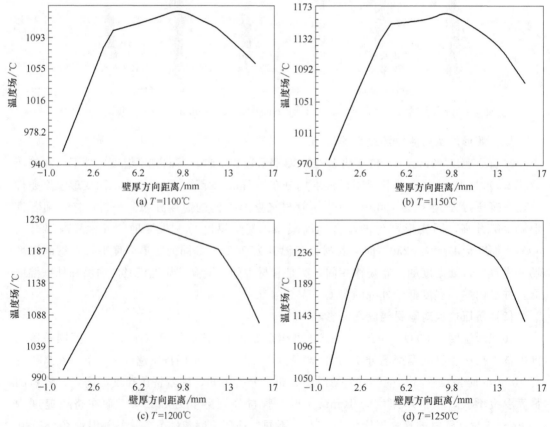

图 5.6　不同变形温度时挤压管材壁厚方向的温度分布（$v=40\text{mm/s}$，$G=3.46$，$\mu=0.1$，$s=100\text{mm}$）

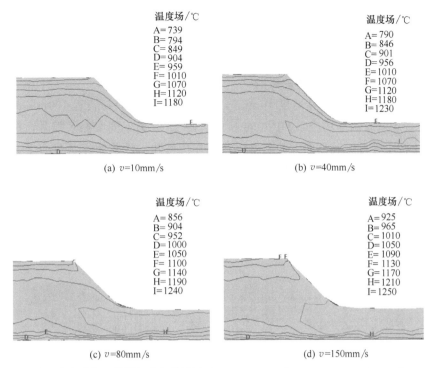

图 5.7 挤压速度对挤压管材温度场的影响（$T=1200℃$，$G=3.46$，$\mu=0.1$，$s=100mm$）

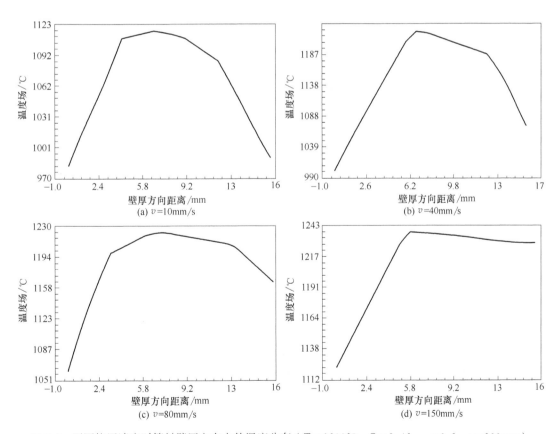

图 5.8 不同挤压速度时管材壁厚方向上的温度分布（$T=1200℃$，$G=3.46$，$\mu=0.1$，$s=100mm$）

律都是管材中间温度高,靠近模具的内壁和外壁温度低,并且内壁的温度低于外壁的温度。在挤压速度为150mm/s时,由于挤压速度过快,变形热在短时间内急剧增加,挤压时间短,因此外壁与模具的接触时间短,温度较高。

(4) 摩擦系数对管材温度场的影响

在变形温度1200℃、挤压速度40mm/s、挤压比3.46、挤压行程100mm时,不同摩擦系数时的挤压管材温度场分布如图5.9所示。图5.10为不同摩擦系数时,在挤压行程100mm时的挤压管材壁厚方向上的温度分布。分析可知,随着摩擦系数的增大,摩擦产生的热量就增多,而这部分热主要集中在与模具接触的内、外壁之间,对管壁中间的温度影响不大,因此随着摩擦系数的增大,管材内、外壁的温度逐渐增大。不同的摩擦系数下,管材的温度场分布规律都是管材中间温度高,靠近模具的内壁和外壁温度低,并且内壁的温度低于外壁的温度。

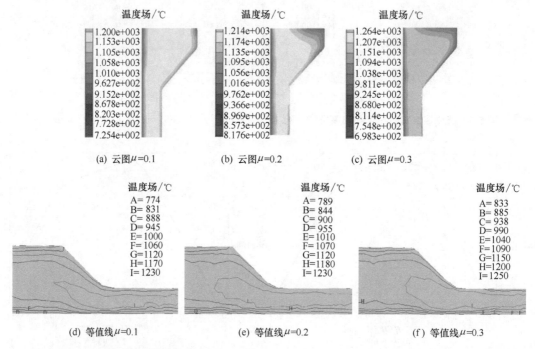

图 5.9 不同摩擦系数时管材温度场分布($T=1200℃$,$v=40mm/s$,$G=3.46$,$s=100mm$)

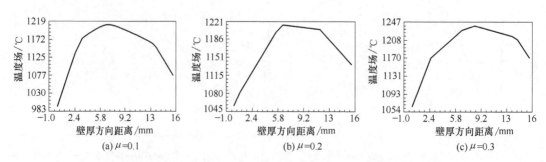

图 5.10 不同摩擦系数时挤压管材壁厚方向温度分布

($T=1200℃$,$v=40mm/s$,$G=3.46$,$s=100mm$)

（5）挤压比对管材温度场的影响

在变形温度 1200℃、挤压速度 40mm/s、摩擦系数 0.1、挤压行程 100mm 时，不同挤压比的挤压管材温度场分布如图 5.11 所示。图 5.12 为不同挤压比时，在挤压行程 100mm 时挤压管材壁厚方向的温度分布。分析可知，挤压比增大时，虽然变形量增大，产生的变形热增多，但同时管材的壁厚减小，管壁中间的热量更容易传递出去，因此随着挤压比的增大，管材的最高温度并无明显变化。不同的挤压比时，管材的温度场分布规律都是管材中间温度高，靠近模具的内壁和外壁温度低，并且内壁的温度低于外壁的温度。

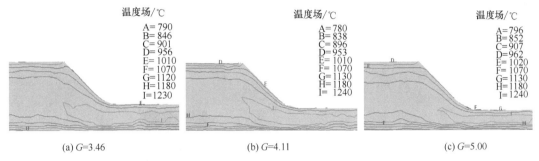

(a) $G=3.46$ (b) $G=4.11$ (c) $G=5.00$

图 5.11 不同挤压比时挤压管材温度场分布（$T=1200℃$，$v=40mm/s$，$\mu=0.1$）

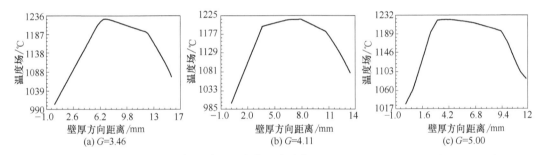

(a) $G=3.46$ (b) $G=4.11$ (c) $G=5.00$

图 5.12 不同挤压比时挤压管材壁厚方向的温度分布（$T=1200℃$，$v=40mm/s$，$\mu=0.1$）

5.3.2 挤压模具温度场分布

在挤压过程中，为了防止高温的坯料与模具接触发生热量的损失，影响挤压管材的质量和挤压工艺的进行，因此必须对模具进行预热。同时，挤压过程中模具温度的升高将影响模具的寿命，频繁的升温降温将会使模具产生热疲劳，过高的温度将会降低模具的强度。

挤压针的预热温度为 150℃，在进行挤压时挤压针与高温坯料直接接触，因此在挤压的过程中挤压针和高温坯料之间将发生热量的传递，会引起挤压针的温度升高，挤压针的强度就会降低，发生软化，温度过高会发生变形。此外，坯料的变形区在凹模出口处，因此坯料在凹模处产生的变形热最大，则凹模的温升也会增大。不同的挤压工艺参数对模具的温度场也影响较大。因此研究不同挤压工艺参数下模具的温度场分布情况，确定合理的挤压工艺参数对提高模具寿命和提高生产效率具有重要意义。

（1）变形温度对模具温度场的影响

在变形温度 1250℃、挤压速度 40mm/s、摩擦系数 0.05、挤压比 3.46 时，模具的温度场分布如图 5.13 所示。分析可知，与坯料接触的地方模具的温度最高，而远离接触区的温度基本都保持模具的初始预热温度。因为高速挤压时，坯料与模具之间的传热较多，而远离接触区的模具温度并没有升高。由图 5.13（a）可以看出，挤压针的最高温度出现在挤压针的根部，挤压针的根部与坯料接触时间最长，传热最多，温度相应就较高，最高温度达到 692℃，温升达到了 542℃。由图 5.13（b）可知，凹模的最高温度出现在出口处，在变形区坯料产生的变形功最大，坯料的温度最高，凹模的温度就最高，最高温度达到 769℃，温升达到 419℃。由图 5.13（c）可知，挤压筒的最高温度产生在与凹模接触的变形区域，挤压筒对坯料不直接产生挤压力，因此挤压筒的高温区域并不是很大。挤压筒的最高温度达到 697℃，温升达到 347℃。由图 5.13（d）可知，挤压垫为施加压力部件，挤压全程中与坯料充分接触，且其预热温度较高。挤压垫的最高温度达到 886℃，又因为其预热温度较高，其温升为 186℃。

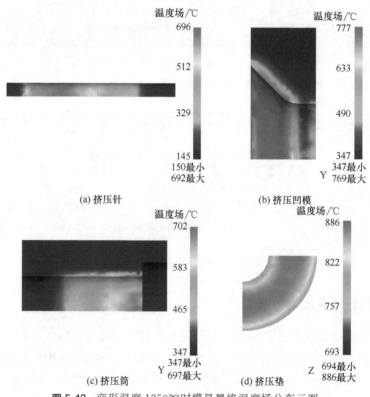

图 5.13 变形温度 1250℃时模具最终温度场分布云图

图 5.14 所示为不同变形温度时模具的最高温度。分析可知，随着挤压行程的进行，模具的温度逐渐升高。提高变形温度，模具的最终温度也随之提高，因为变形温度越高则坯料与模具之间的温差就越大，传给模具的热量就会越多。在稳定挤压阶段，挤压针、挤压垫和挤压筒温度升高较缓慢，而凹模的温度升高较快，主要因为凹模处产生的变形热较大，传递给凹模的热量较多。在挤压开始时，挤压针及挤压垫的温度是突然增加，这是因为放入高温的坯料之后，坯料与挤压针和挤压垫首先接触发生热量传递，而凹模与挤压筒的温度在挤压一段距离之后才会突然增加，这是因为刚开始坯料并未与凹模和挤压筒接触，只有在挤压坯料通过凹模时才发生热量传递。

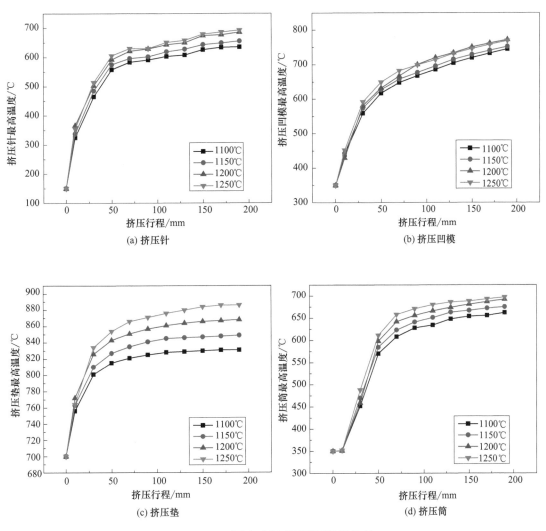

(a) 挤压针

(b) 挤压凹模

(c) 挤压垫

(d) 挤压筒

图 5.14　不同变形温度时模具温度分布

图 5.15 所示为不同变形温度时模具的最高温度。分析可知，挤压垫和挤压针的最高温度随着变形温度的提高而增大。

（2）挤压速度对模具温度场的影响

变形温度 1200℃、挤压比 3.46、摩擦系数 0.05 时，挤压速度对模具最高温度的影响如图 5.16 所示。分析可知，挤压速度不同的情况下，在挤压时模具的温度呈现逐渐升高的趋势；随着挤压速度的增大，模具的最终温度逐渐减小。因为挤压速度越快，挤压相同尺寸的管

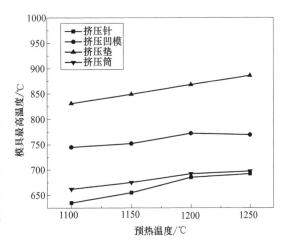

图 5.15　变形温度对挤压模具最高温度的影响

材用时越短，模具与坯料之间的接触时间越短，虽然坯料产生的变形热多，但是坯料与模具之间的传热少，因此模具温度低；在稳定挤压阶段，挤压针、挤压垫和挤压筒的最高温度变化缓慢，挤压凹模的温度变化较快。

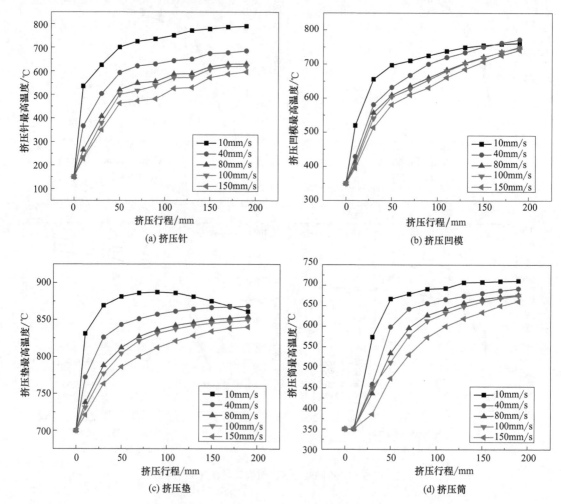

图 5.16　不同挤压速度时模具温度分布

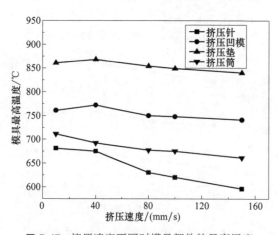

图 5.17　挤压速度不同时模具部件的最高温度

图 5.17 所示为不同挤压速度时模具部件最高温度。分析可知，挤压速度越慢，挤压针的温度越高。挤压速度 10mm/s 时，挤压针的最高温度达到了 790℃，明显高于 150mm/s 时的 596℃。因为挤压时间长，挤压针被坯料完全包围热量无法散出，传递给挤压针的热越多，温度就越高。而挤压筒、挤压垫、挤压凹模的最高温度随着挤压速度的不同变化不是很大，因为挤压过程中都与外界有热量的传递，挤压时间长会引起

模具温度的升高，但同时与外界的热量交换也多。

（3）摩擦系数对模具温度场的影响

在变形温度 1200℃、挤压速度 40mm/s、挤压比 3.46 时，不同摩擦系数条件下模具最高温度如图 5.18 所示。分析可知，摩擦系数不同的情况下，随着挤压的进行模具的温度呈现逐渐升高的趋势；随着摩擦系数的增大，模具的最高温度逐渐增大，因为摩擦系数越大则模具与坯料之间摩擦产生的热越多，则模具的温度就会越高；在稳定挤压阶段，挤压针、挤压垫和挤压筒的温度升高较为缓慢，挤压凹模的温度升高较快。

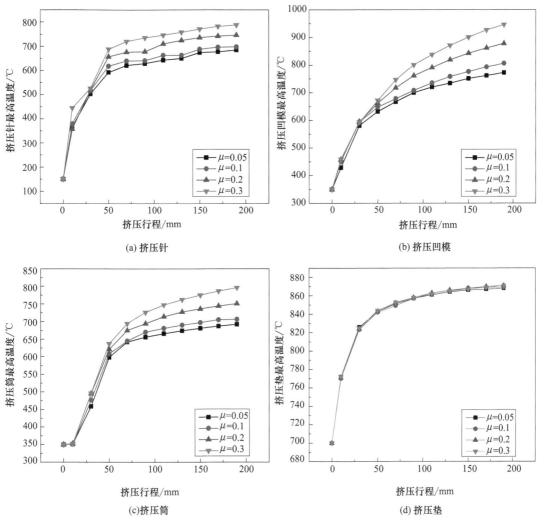

图 5.18　不同摩擦系数时模具最高温度

图 5.19 所示为不同摩擦系数时模具的最高温度。分析可知，当摩擦系数在 0.05～0.1 时，挤压针、挤压垫、挤压筒的最高温度变化较缓慢，且温升较低，摩擦系数为 0.05 时挤压针的温升为 535℃；当摩擦系数在 0.1～0.3 时，挤压针、挤压凹模、挤压筒的最高温度增加速率较快，最高温度较高，摩擦系数为 0.3 时挤压针的温升达到了 638℃。所以降低摩擦系数对延长模具寿命具有重要意义。

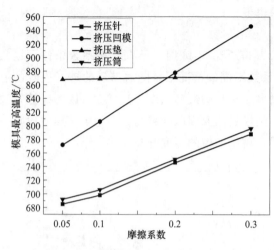

图 5.19　不同摩擦系数时模具最高温度

（4）挤压比对模具温度场的影响

　　在变形温度 1200℃、挤压速度 40mm/s、摩擦系数 0.05 时，不同挤压比条件下的模具最高温度如图 5.20 所示。分析可知，随着挤压行程的进行，模具的最高温度呈现逐渐升高的趋势；在挤压速度、变形温度、摩擦系数都相同的条件下，挤压比对模具的最高温度影响较小，随着挤压比的增大，坯料的变形量增大，变形产生的热量增多，但是传递给模具的热量较少，因为挤压速度相同时，则挤压相同长度的管材所需的挤压时间相同。

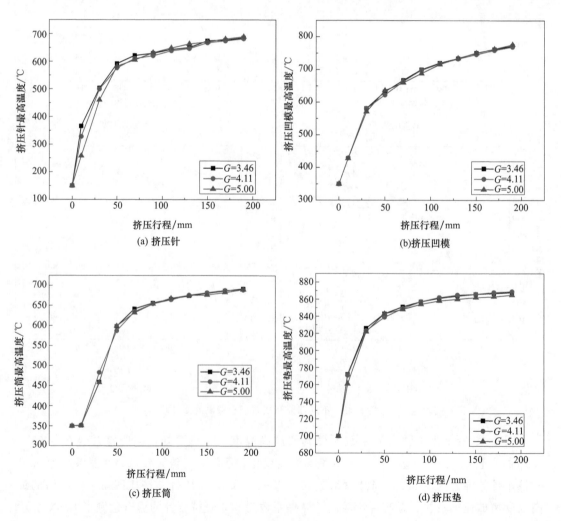

图 5.20　不同挤压比时模具温度场

5.4 等效应变场分布规律

(1) 挤压变形区等效应变场

在变形温度 1200℃、挤压速度 40mm/s、挤压比 3.46、摩擦系数 0.1 时,管材挤压变形区的等效应变场分布如图 5.21 所示。分析可知,挤压管材的变形区在凹模处。在进入稳定挤压阶段后,管材的最大等效应变值稳定在 3.8~4.3 之间,在凹模处和稳定带区域等效应变的分布规律相同。管材壁厚方向上由内壁到外壁的等效应变值逐渐增大,管材内壁的等效应变小于管材外壁的等效应变,因此 IN690 高温合金的管材挤压过程中存在不均匀变形现象。

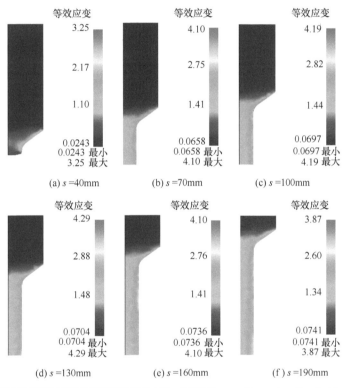

图 5.21 挤压行程对等效应变场的影响($T=1200$℃,$v=40$mm/s,$G=3.46$,$\mu=0.1$)

(2) 变形温度对挤压管材等效应变场的影响

在挤压速度 40mm/s、挤压比 3.46、摩擦系数 0.1 时,不同变形温度条件下,在挤压行程 $s=100$mm 时模具挤压管材的等效应变场分布如图 5.22 所示。

在挤压行程 $s=100$mm 时,不同变形温度下的挤压管材壁厚方向的等效应变分布如图 5.23 所示。分析可知,随着变形温度的变化,挤压管材的等效应变场分布规律是由管内壁的 1.6 增加到管外壁的 2.9。

(3) 挤压速度对挤压管材应变场的影响

在变形温度 1200℃、挤压比 3.46、摩擦系数 0.1 时,不同挤压速度条件下,在挤压行程 $s=100$mm 时挤压管材的等效应变场分布如图 5.24 所示。

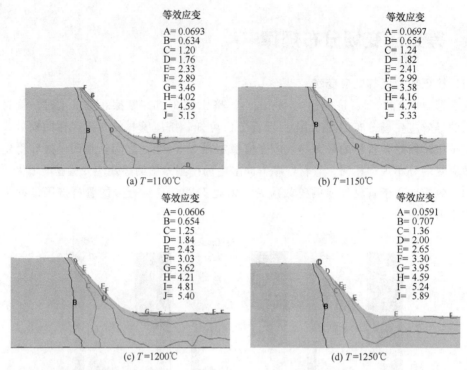

等效应变
A= 0.0693
B= 0.634
C= 1.20
D= 1.76
E= 2.33
F= 2.89
G= 3.46
H= 4.02
I= 4.59
J= 5.15

(a) T=1100℃

等效应变
A= 0.0697
B= 0.654
C= 1.24
D= 1.82
E= 2.41
F= 2.99
G= 3.58
H= 4.16
I= 4.74
J= 5.33

(b) T=1150℃

等效应变
A= 0.0606
B= 0.654
C= 1.25
D= 1.84
E= 2.43
F= 3.03
G= 3.62
H= 4.21
I= 4.81
J= 5.40

(c) T=1200℃

等效应变
A= 0.0591
B= 0.707
C= 1.36
D= 2.00
E= 2.65
F= 3.30
G= 3.95
H= 4.59
I= 5.24
J= 5.89

(d) T=1250℃

图 5. 22 不同变形温度时挤压管材应变场分布（v＝40mm/s，G＝3.46，μ＝0.1，s＝100mm）

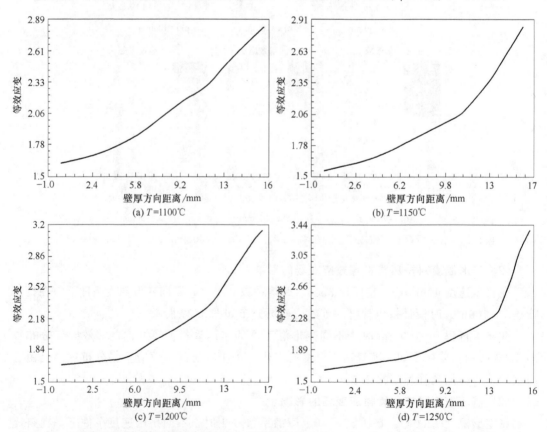

(a) T=1100℃

(b) T=1150℃

(c) T=1200℃

(d) T=1250℃

图 5. 23 不同变形温度时挤压管材壁厚方向上等效应变（v＝40mm/s，G＝3.46，μ＝0.1，s＝100mm）

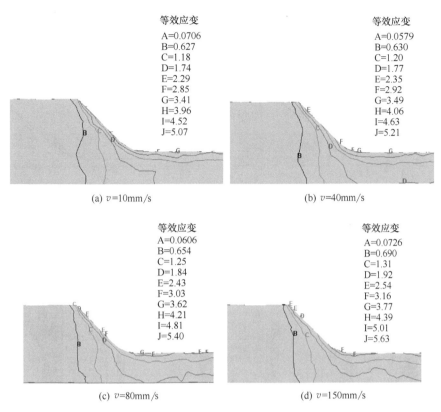

等效应变
A=0.0706
B=0.627
C=1.18
D=1.74
E=2.29
F=2.85
G=3.41
H=3.96
I=4.52
J=5.07

(a) v=10mm/s

等效应变
A=0.0579
B=0.630
C=1.20
D=1.77
E=2.35
F=2.92
G=3.49
H=4.06
I=4.63
J=5.21

(b) v=40mm/s

等效应变
A=0.0606
B=0.654
C=1.25
D=1.84
E=2.43
F=3.03
G=3.62
H=4.21
I=4.81
J=5.40

(c) v=80mm/s

等效应变
A=0.0726
B=0.690
C=1.31
D=1.92
E=2.54
F=3.16
G=3.77
H=4.39
I=5.01
J=5.63

(d) v=150mm/s

图 5.24 不同挤压速度下管材应变场（T＝1200℃，G＝3.46，μ＝0.1，s＝100mm）

在不同挤压速度条件下，在挤压行程 s＝100mm 时挤压管材壁厚方向的等效应变分布如图 5.25 所示。分析可知，挤压速度不同时，管材的等效应变场分布规律是由管内壁的 1.6 增加到管外壁的 3.2。

（4）摩擦系数对挤压管材应变场的影响

在变形温度 1200℃、挤压速度 40mm/s、挤压比 3.46 时，不同摩擦系数条件下，在挤压行程 s＝100mm 时挤压管材的等效应变场如图 5.26 所示。

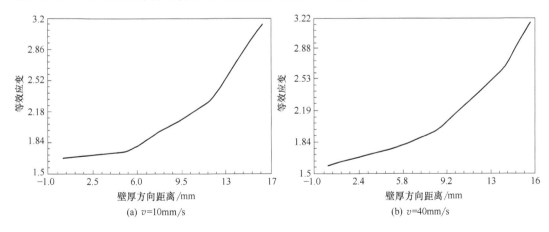

(a) v=10mm/s

(b) v=40mm/s

图 5.25

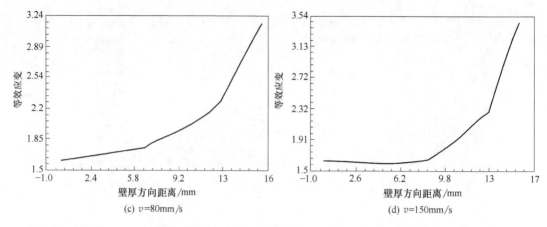

(c) $v=80\text{mm/s}$ (d) $v=150\text{mm/s}$

图 5.25 不同挤压速度下管材模具出口处应变分布（ $T=1200℃$, $G=3.46$, $\mu=0.1$, $s=100\text{mm}$ ）

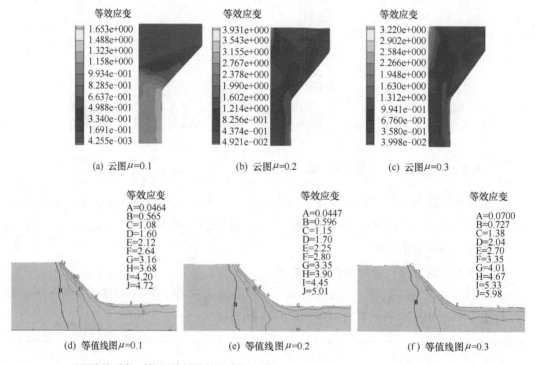

(a) 云图 $\mu=0.1$ (b) 云图 $\mu=0.2$ (c) 云图 $\mu=0.3$

(d) 等值线图 $\mu=0.1$ (e) 等值线图 $\mu=0.2$ (f) 等值线图 $\mu=0.3$

图 5.26 不同摩擦系数时挤压管材等效应变场（ $T=1200℃$, $v=40\text{mm/s}$, $G=3.46$, $s=100\text{mm}$ ）

图 5.27 为不同摩擦系数的情况下，在挤压行程 $s=100\text{mm}$ 时挤压管材壁厚方向的等效应变分布。分析可知，摩擦系数不同时，挤压管材的等效应变场的分布规律是由管内壁的 1.6 增加到管外壁的 $2.7\sim3.2$ 。

随着摩擦系数的增大，变形区的等效应变逐渐减小，由于摩擦系数小时，坯料容易变形。在摩擦系数低于 0.1 时，变形区域逐渐变小，等效应变差值变小，分布逐渐均匀；摩擦系数超过 0.1 时，变形区范围变大，等效应变的最大值明显增大，金属变形很不均匀，而且靠近挤压针处的等效应变很大，部分区域比凹模圆角处还大，故使得坯料整体的变形都很不均匀。因而，要合理控制摩擦系数。

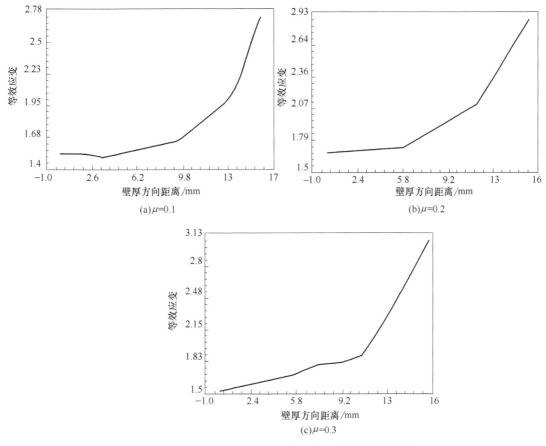

图 5.27 不同摩擦系数时挤压管材壁厚方向上等效应变

（$T=1200℃$，$v=40mm/s$，$G=3.46$，$s=100mm$）

（5）挤压比对挤压管材等效应变场的影响

在变形温度 1200℃、挤压速度 40mm/s、摩擦系数 0.1 时，不同挤压比的情况下，在挤压行程 $s=100mm$ 时挤压管材的等效应变场如图 5.28 所示。

在挤压速度为 40mm/s、坯料温度 1200℃ 时，不同挤压比时等效应变分布云图如图 5.29 所示，选取稳定变形阶段分析变形过程中的应变场。分析可知，在凹模出口处是等

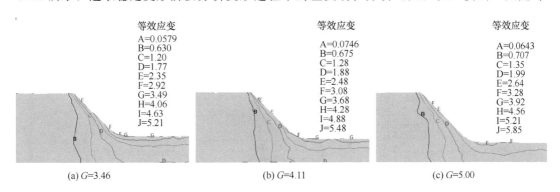

图 5.28 不同挤压比时挤压管材等效应变场

（$T=1200℃$，$v=40mm/s$，$\mu=0.1$，$s=100mm$）

效应变最大位置。挤压比从 3.46 增加到 4.11 时，对应的最大等效应变值由 2.432 上升到了 3.383。等效应变值随着挤压比的增大而明显升高。随着挤压比的增大，变形程度增大，金属流动越大，变形越剧烈，变形的均匀性也就越差。

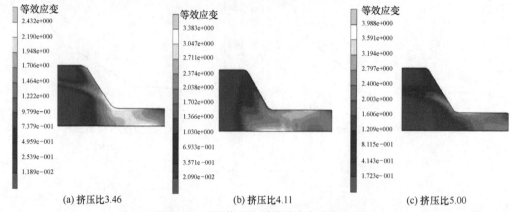

(a) 挤压比 3.46　　　　　(b) 挤压比 4.11　　　　　(c) 挤压比 5.00

图 5.29 不同挤压比时等效应变分布云图

在变形温度 1200℃、挤压速度 40mm/s、摩擦系数 0.1、挤压行程 s＝100mm 时，不同挤压比的挤压管材在壁厚方向上的等效应变分布如图 5.30 所示。分析可知，随着挤压比的

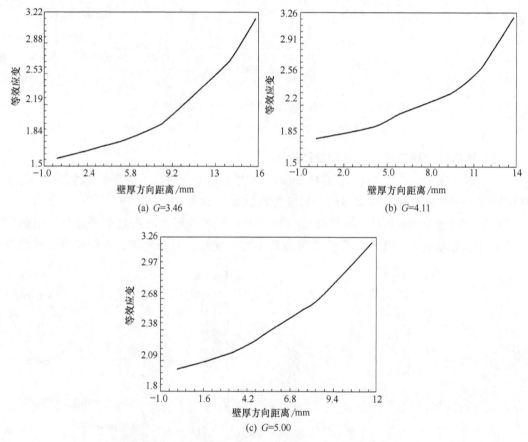

(a) G=3.46　　　　　(b) G=4.11

(c) G=5.00

图 5.30 不同挤压比时挤压管材壁厚方向上的等效应变

（T＝1200℃，v＝40mm/s，μ＝0.1，s＝100mm）

增大，挤压管材的等效应变逐渐增大。挤压比 $G=3.46$ 时，挤压管材内壁的等效应变为 1.5、外壁为 3.0；挤压比 $G=5.00$ 时，挤压管材内壁的等效应变为 2.0、外壁为 3.5。

5.5 等效应力场分布规律

5.5.1 变形区等效应力场

(1) 挤压过程中等效应力场的变化

在变形温度 1200℃、挤压速度 40mm/s、挤压比 3.46 时，挤压时的等效应力场分布如图 5.31 所示。分析可知，由于挤压坯料进入凹模后开始产生变形，因此管材在挤压筒与凹模的接触部位，挤压针外侧的变形区与定径区的交界处这两个区域产生应力集中，并且等效应力达到最大值 300MPa。在变形区中间部分等效应力较小，金属流动较容易。

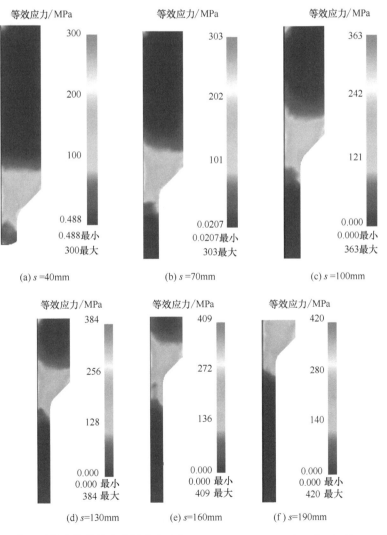

图 5.31 挤压过程中的等效应力场分布（$T=1200$℃，$v=40$mm/s，$G=3.46$，$\mu=0.1$）

（2）变形温度对管材等效应力场的影响

在挤压速度40mm/s、挤压比3.46、摩擦系数0.1时，不同变形温度条件下，在挤压行程 $s=100$mm 时挤压管材的等效应力场如图5.32所示。分析可知，变形温度不同时，管材的等效应力分布规律相同。随着变形温度的升高，金属发生软化，变形抗力减小，变形时产生的等效应力减小，在变形温度为1100℃时，最大等效应力为390MPa，而变形温度为1250℃时，最大等效应力为299MPa。

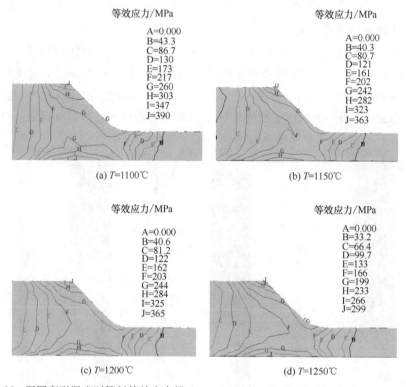

图 5.32　不同变形温度时管材等效应力场（$v=40$mm/s，$G=3.46$，$\mu=0.1$，$s=100$mm）

（3）挤压速度对管材等效应力场的影响

在变形温度1200℃、挤压比3.46、摩擦系数0.1时，不同挤压速度条件下，在挤压行程 $s=100$mm 时挤压管材的等效应力场如图5.33所示。分析可知，随着挤压速度的增加，挤压管材变形区等效应力场的分布规律相同。随着挤压速度的增加，挤压时间变短，坯料的温降减小，变形抗力减小，则产生的等效应力减小，在挤压速度为10mm/s时，最大等效应力值为394MPa，挤压速度为150mm/s时，最大等效应力值为259MPa。

（4）摩擦系数对管材等效应力场的影响

在变形温度1200℃、挤压速度40mm/s、挤压比3.46时，不同摩擦系数条件下，在挤压行程 $s=100$mm 时挤压管材的等效应力场如图5.34所示。分析可知，随着摩擦系数的增大，管材等效应力场的分布规律相同。随着摩擦系数的增大，管材外壁和内壁与模具由于摩擦产生的热量增多，温降较小，这些部位正好也是应力集中区，因此发生应力集中部位的最大等效应力减小，在摩擦系数为0.1时，管材的最大等效应力为327MPa，而摩擦系数为0.3时，管材的最大等效应力为205MPa。

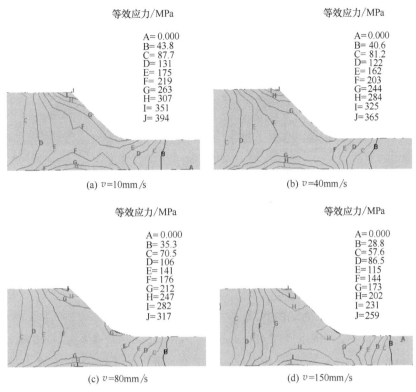

等效应力/MPa

A= 0.000
B= 43.8
C= 87.7
D= 131
E= 175
F= 219
G= 263
H= 307
I= 351
J= 394

等效应力/MPa

A= 0.000
B= 40.6
C= 81.2
D= 122
E= 162
F= 203
G= 244
H= 284
I= 325
J= 365

(a) v=10mm/s

(b) v=40mm/s

等效应力/MPa

A= 0.000
B= 35.3
C= 70.5
D= 106
E= 141
F= 176
G= 212
H= 247
I= 282
J= 317

等效应力/MPa

A= 0.000
B= 28.8
C= 57.6
D= 86.5
E= 115
F= 144
G= 173
H= 202
I= 231
J= 259

(c) v=80mm/s

(d) v=150mm/s

图 5.33 不同挤压速度下管材应力场（$T=1200℃$，$G=3.46$，$\mu=0.1$，$s=100$mm）

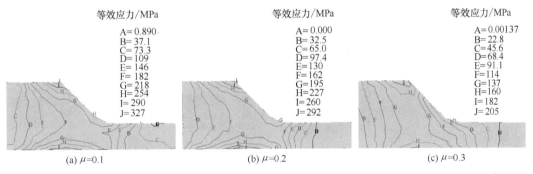

等效应力/MPa

A= 0.890
B= 37.1
C= 73.3
D= 109
E= 146
F= 182
G= 218
H= 254
I= 290
J= 327

等效应力/MPa

A= 0.000
B= 32.5
C= 65.0
D= 97.4
E= 130
F= 162
G= 195
H= 227
I= 260
J= 292

等效应力/MPa

A= 0.00137
B= 22.8
C= 45.6
D= 68.4
E= 91.1
F= 114
G= 137
H= 160
I= 182
J= 205

(a) μ=0.1

(b) μ=0.2

(c) μ=0.3

图 5.34 不同摩擦系数时管材等效应力场（$T=1200℃$，$v=40$mm/s，$G=3.46$，$s=100$mm）

(5) 挤压比对管材应力场的影响

在变形温度 1200℃、挤压速度 40mm/s、摩擦系数 0.1 时，不同挤压比条件下，在挤压行程 $s=100$mm 时挤压管材的等效应变场如图 5.35 所示。分析可知，随着挤压比的增大，管材等效应力场的分布规律相同。随着挤压比的增大，管材的变形量增大，因此应力集中处的最大等效应力增大，在挤压比为 3.46 时，最大等效应力值为 327MPa，挤压比为 5.00 时，最大等效应力值为 367MPa。

5.5.2 挤压模具应力场分布

挤压过程可以分为三个阶段：开始挤压阶段（镦粗过程）、基本挤压阶段（平流挤压阶段）、挤压终了阶段（紊流挤压阶段）。在挤压开始阶段中，坯料受到压缩作用要产生径

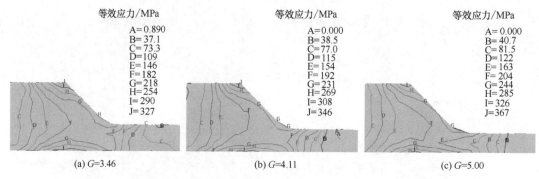

等效应力/MPa
A= 0.890
B= 37.1
C= 73.3
D= 109
E= 146
F= 182
G= 218
H= 254
I= 290
J= 327

等效应力/MPa
A= 0.000
B= 38.5
C= 77.0
D= 115
E= 154
F= 192
G= 231
H= 269
I= 308
J= 346

等效应力/MPa
A= 0.000
B= 40.7
C= 81.5
D= 122
E= 163
F= 204
G= 244
H= 285
I= 326
J= 367

(a) G=3.46　　　　　　　(b) G=4.11　　　　　　　(c) G=5.00

图 5.35　不同挤压比时管材等效应力场（T=1200℃，v=40mm/s，μ=0.1）

向流动，使挤压筒与坯料和挤压针与坯料之间的间隙中填充坯料，在填充后期，挤压筒与高温坯料之间还有一定的空隙，那么下面的金属就会向流动阻力最小的方向填充。因此，挤压针的中心线就和原来的中心线之间产生一定的角度，那么挤压针就会受到弯曲应力进而发生变形。IN690 高温合金管材挤压模具中挤压针和凹模最容易出现问题，因此分析挤压针和凹模的应力场具有重要意义。

（1）变形温度对模具应力场的影响

在变形温度 1250℃、挤压速度 40mm/s、挤压比 3.46、摩擦系数 0.05 时，挤压针和挤压凹模的最大主应力场云图如图

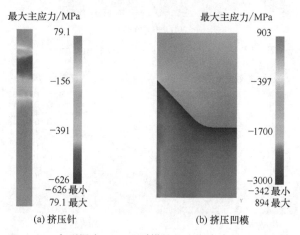

最大主应力/MPa
79.1
−156
−391
−626
−626 最小
79.1 最大

最大主应力/MPa
903
−397
−1700
−3000
−342 最小
894 最大

(a) 挤压针　　　　　(b) 挤压凹模

图 5.36　变形温度 1250℃时模具最大主应力场分布云图

5.36 所示。由图 5.36（a）可以看出，挤压针的最大主应力出现在挤压针的根部，因此挤压针最容易在根部发生断裂，而挤压针的其他部位的最大主应力都相差不大，数值较小，且分布均匀，这与挤压针的温度场分布规律相一致，也是在挤压针的根部温度达到最高。由图 5.36（b）可以看出，挤压凹模的最大主应力出现在凹模出口位置，凹模出口位置最容易发生失效变形。

图 5.37 为不同变形温度时，挤压针和挤压凹模最大主应力与挤压行程的关系曲线。分析可知，挤压变形时，模具受到的最大主应力越来越大；在挤压速度不变的条件下坯料温度越高，模具的最大主应力越小。

表 5.3 为挤压行程 190mm 时，不同变形温度时，挤压力、挤压针和挤压凹模的最大主应力与变形温度的关系。分析可知，在变形温度为 1100℃时，挤压针的最大主应力达到 788MPa，而 1250℃时，挤压针的最大主应力达到 626MPa。因为坯料温度越高，材料流动性越好，塑性越好，则变形抗力越小，所以挤压力越小，挤压针最大主应力越小。所以，挤压针在 1100℃时最容易开裂。而在变形温度为 1100℃时，凹模的最大主应力达到了 970MPa，H13 钢的许用极限为 902MPa，挤压凹模已经发生了失效变形。因此，在满足要求的条件下，应尽量提高变形温度。

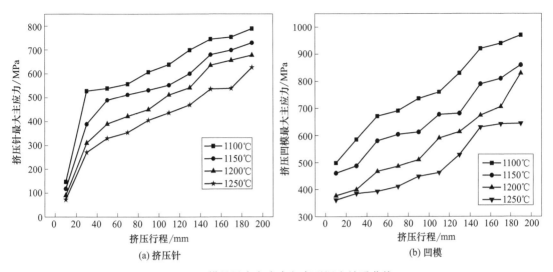

（a）挤压针

（b）凹模

图 5.37 模具最大主应力与变形温度关系曲线

表 5.3 不同变形温度时挤压力、挤压针和挤压凹模的最大主应力

变形温度/℃	1100	1150	1200	1250
挤压针最大主应力/MPa	788	729	677	626
凹模最大主应力/MPa	970	860	830	644
挤压力/kN	8800	8520	6400	6080

（2）挤压速度对模具应力场的影响

在变形温度 1200℃、挤压比 3.46、摩擦系数 0.05 时，不同挤压速度条件下，模具的最大主应力与挤压速度的关系曲线如图 5.38 所示。分析可知，挤压变形时，随着挤压速度增大，挤压针和挤压凹模的最大主应力随之增大。

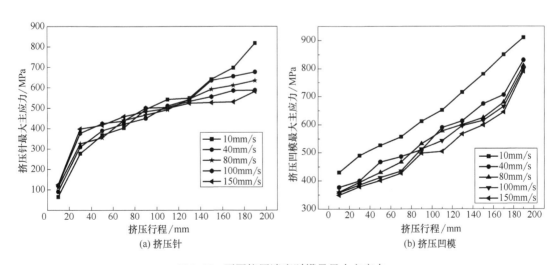

（a）挤压针

（b）挤压凹模

图 5.38 不同挤压速度时模具最大主应力

表 5.4 为挤压行程 190mm 时，挤压力、挤压针和凹模的最大主应力与挤压速度关系。分析可知，挤压速度为 10mm/s 时，挤压针最大主应力为 818MPa，凹模最大主应力

为 910MPa。而挤压速度为 150mm/s 时，挤压针最大主应力为 581MPa，凹模最大主应力为 790MPa。因为随着挤压速度的提高，挤压坯料与模具的接触时间变短，坯料的温降减小，引起变形抗力减小，所以挤压力随着挤压速度的提高而减小，模具的最大主应力也随之减小。而 H13 钢的许用极限为 902MPa，当挤压速度为 10mm/s 时，凹模最大主应力为 910MPa，超过了 H13 钢的许用极限，模具将发生失效。所以，可以适当提高挤压速度来减少模具失效。

⊡ 表5.4　不同挤压速度时挤压力、挤压针和挤压凹模的最大主应力

挤压速度/(mm/s)	10	40	80	100	150
挤压针最大主应力/MPa	818	677	634	587	581
凹模最大主应力/MPa	910	830	810	798	790
挤压力/kN	7920	6400	6040	5920	5840

(3) 摩擦系数对模具应力场的影响

在变形温度 1200℃、挤压速度 40mm/s、挤压比 3.46 时，不同摩擦系数条件下，模具的最大主应力与挤压行程关系曲线如图 5.39 所示。分析可知，挤压变形时，挤压针和挤压凹模的最大主应力逐渐增大。随着摩擦系数增大，挤压针和挤压凹模的最大主应力随之增大。

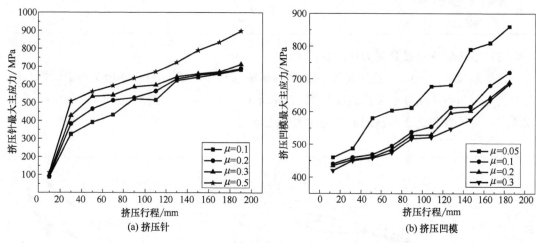

图5.39　不同摩擦系数时模具最大主应力

表 5.5 为挤压行程 190mm 时，不同摩擦系数时，挤压力、挤压针和挤压凹模的最大主应力。分析可知，在摩擦系数为 0.1 时，挤压针的最大主应力为 682MPa，而摩擦系数为 0.5 时，挤压针的最大主应力达到 897MPa。摩擦系数越大，挤压针与坯料之间的摩擦力就越大，则流动阻力增加，因此挤压力和挤压针的最大主应力也随之增大。在摩擦系数为 0.5 时，挤压针的最大主应力达到了 897MPa，已经很接近材料的许用极限，若再考虑挤压过程中的交变应力作用，可能导致挤压针发生断裂。因此，在挤压的过程中必须采取一定的措施来润滑挤压针降低摩擦系数，防止挤压针发生断裂失效。而在摩擦系数为 0.1 时，凹模的最大主应力为 860MPa，摩擦系数为 0.5 时，凹模的最大主应力为 685MPa，都小于模具材料的许用极限，处于安全状态。

表 5.5　不同摩擦系数时挤压力、挤压针和凹模的最大主应力

摩擦系数	0.1	0.2	0.3	0.5
挤压针最大主应力/MPa	682	690	713	897
凹模最大主应力/MPa	860	720	690	685
挤压力/kN	6960	7480	8160	9000

（4）挤压比对模具应力场的影响

在变形温度 1200℃、挤压速度 40mm/s、摩擦系数 0.05 时，不同挤压比条件下，模具的最大主应力如图 5.40 所示。分析可知，挤压变形时，随着挤压行程进行，挤压针和挤压凹模的最大主应力增大。随着挤压比增大，挤压针和挤压凹模的最大主应力增大。

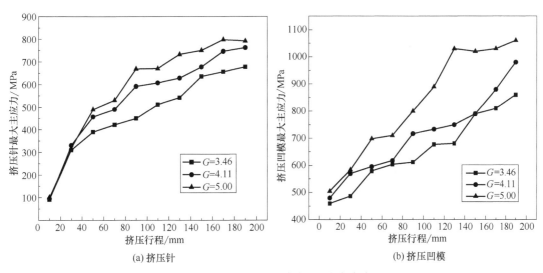

图 5.40　不同挤压比时模具最大主应力

表 5.6 为挤压行程 190mm，不同挤压比时，挤压力、挤压针和凹模的最大主应力数值。分析可知，挤压比为 3.46 时，挤压针最大主应力为 677MPa，凹模最大主应力为 860MPa。挤压比为 5 时，挤压针最大主应力为 792MPa，凹模最大主应力为 1060MPa。随着挤压比的增大，挤压力迅速增大，模具的最大主应力也增大。挤压比为 4.11 和 5.00 时，挤压凹模已经发生了失效。因此，挤压比越大，模具发生失效的可能性越大，所以，在制定挤压工艺参数时，要适当设计挤压比。

表 5.6　不同挤压比时挤压力、挤压针和凹模的最大主应力

挤压比	3.46	4.11	5
挤压针最大主应力/MPa	677	762	792
凹模最大主应力/MPa	860	980	1060
挤压力/kN	6400	8040	9920

5.6　挤压力变化规律

（1）变形温度对挤压力的影响

在挤压速度 40mm/s、挤压比 3.46、摩擦系数 0.1 时，不同变形温度条件下，挤压力

与挤压时间的关系曲线如图 5.41 所示，分析可知，随着变形温度的升高，挤压力呈现减小的趋势。

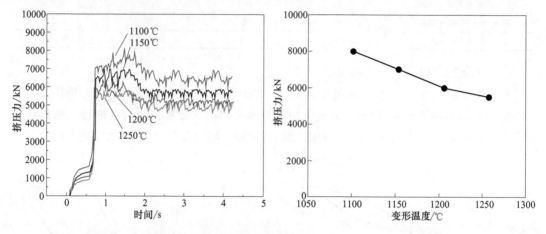

图 5.41 变形温度对挤压力的影响规律（$G=3.46$，$\mu=0.1$，$v=40\mathrm{mm/s}$）

（2）挤压速度对挤压力的影响

在变形温度 1200℃、挤压比 3.46、摩擦系数 0.1 时，不同挤压速度条件下，挤压力与挤压时间的关系曲线如图 5.42 所示，分析可知，随着挤压速度的增大，挤压力呈现减小的趋势。

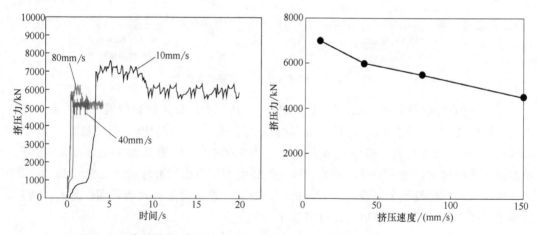

图 5.42 挤压速度对挤压力的影响规律（$T=1200℃$，$G=3.46$，$\mu=0.1$）

（3）挤压比对挤压力的影响

在变形温度 1200℃、挤压速度 40mm/s、摩擦系数 0.1 时，不同挤压比条件下，挤压力与挤压时间的关系曲线如图 5.43 所示，分析可知，随着挤压比的增大，挤压力呈现增大的趋势。

（4）摩擦系数对挤压力的影响

在变形温度 1200℃、挤压速度 40mm/s、挤压比 5.00 时，不同摩擦系数条件下，挤压力与挤压时间的关系曲线如图 5.44 所示，分析可知，随着摩擦系数的减小，挤压力呈现减小的趋势。

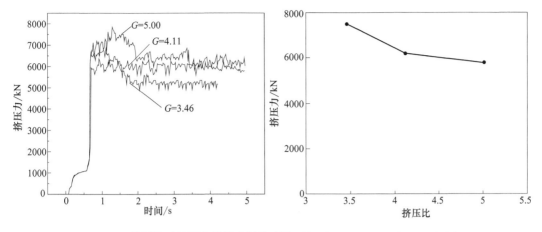

图 5.43 挤压比对挤压力的影响规律（$T=1200℃$，$v=40\text{mm/s}$，$\mu=0.1$）

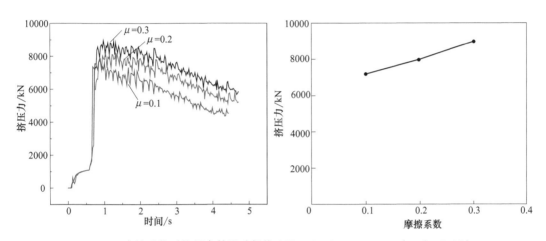

图 5.44 摩擦系数对挤压力的影响规律（$T=1200℃$，$v=40\text{mm/s}$，$G=3.46$）

5.7 动态再结晶体积分数

（1）变形温度对动态再结晶的影响

图 5.45 为坯料在挤压速度 40mm/s，不同变形温度条件下，动态再结晶体积分数分布云图。由图可知，随着变形温度的升高，动态再结晶体积分数增大，并且随着变形温度的升高完全再结晶的区域增大，说明变形温度的升高有利于动态再结晶的发生。

在挤压比 3.46、挤压速度 40mm/s、摩擦系数 0.10 时，不同变形温度下高温合金 IN690 挤压管材动态再结晶的体积分数分布如图 5.46 所示。在挤压比为 4.11 时，其他挤压工艺条件与图 5.46 相同，挤压管材动态再结晶的体积分数分布如图 5.47 所示。在挤压比为 5.00 时，其他挤压工艺条件与图 5.46 相同，挤压管材动态再结晶的体积分数分布如图 5.48 所示。分析可知，管材在 1200℃ 与 1250℃ 下已经发生了较充分的动态再结晶，管材内壁动态再结晶的体积分数比较低，这主要是因为挤压变形过程中管材内壁变形量较小，动态再结晶条件不能充分得到满足，因此管材内壁动态再结晶的体积分数较低。

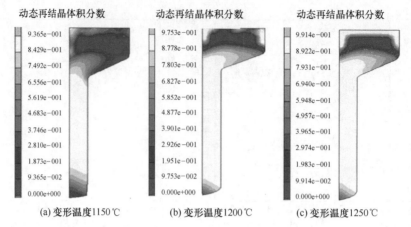

(a) 变形温度1150℃   (b) 变形温度1200℃   (c) 变形温度1250℃

图 5.45　不同变形温度时的动态再结晶体积分数（$G=3.46$，$\mu=0.1$，$v=40\text{mm/s}$）

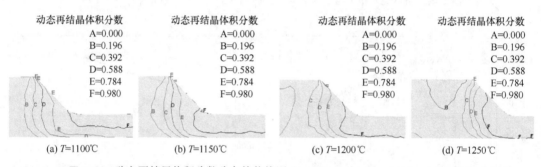

(a) $T=1100℃$ (b) $T=1150℃$ (c) $T=1200℃$ (d) $T=1250℃$

图 5.46　动态再结晶体积分数分布等值线图（$v=40\text{mm/s}$，$G=3.46$，$\mu=0.10$）

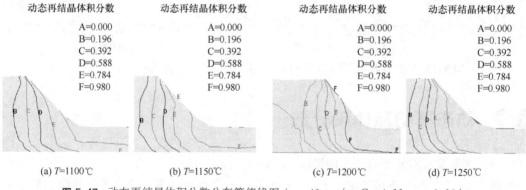

(a) $T=1100℃$ (b) $T=1150℃$ (c) $T=1200℃$ (d) $T=1250℃$

图 5.47　动态再结晶体积分数分布等值线图（$v=40\text{mm/s}$，$G=4.11$，$\mu=0.10$）

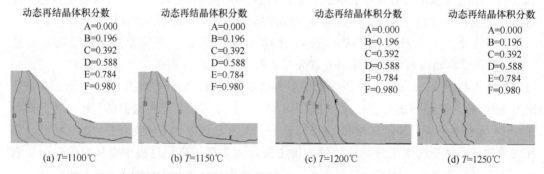

(a) $T=1100℃$ (b) $T=1150℃$ (c) $T=1200℃$ (d) $T=1250℃$

图 5.48　动态再结晶体积分数分布等值线图（$v=40\text{mm/s}$，$G=5.00$，$\mu=0.10$）

图 5.49 所示为不同变形温度时管材内壁部分动态再结晶厚度，可以发现，随着变形温度的升高，管材完全动态再结晶的区域增大，因为提高变形温度使动态再结晶的条件更能够充分满足。在挤压比为 3.46 条件下，当变形温度为 1100℃时，不完全动态再结晶区域在靠近管材内壁的 7.49mm 区域内；在变形温度为 1250℃时，不完全动态再结晶区域在靠近管材内壁的 0.352mm 区域内。在挤压比为 5.00 条件下，当变形温度为 1100℃时，不完全动态再结晶区域在靠近管材内壁的 2.55mm 区域内；在变形温度为 1250℃时，不完全动态再结晶区域在靠近管材内壁的 0.156mm 区域内。由此可见，提高挤压变形温度可以使变形区发生完全动态再结晶的区域增大，从而使管材组织性能的均匀性得到改善。

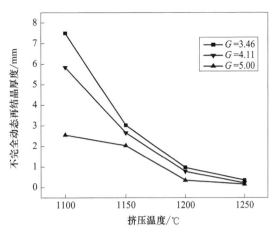

图 5.49 管材内壁不完全动态再结晶厚度与变形温度关系

(2) 挤压速度对动态再结晶的影响

在挤压比 3.46、变形温度 1200℃、摩擦系数 0.10 时，不同挤压速度条件下，挤压管材动态再结晶的体积分数分布如图 5.50 所示。在挤压比为 4.11 时，其他挤压工艺条件与图 5.50 相同，挤压管材动态再结晶的体积分数分布如图 5.51 所示。在挤压比为 5.00 时，其他挤压工艺条件与图 5.50 相同，挤压管材动态再结晶的体积分数分布如图 5.52 所示。

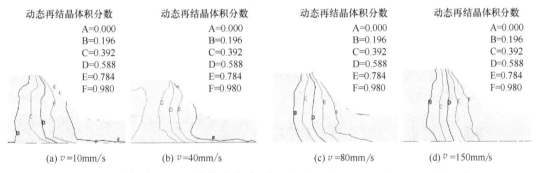

图 5.50 动态再结晶体积分数分布等值线图（$T=1200℃$，$G=3.46$，$\mu=0.10$）

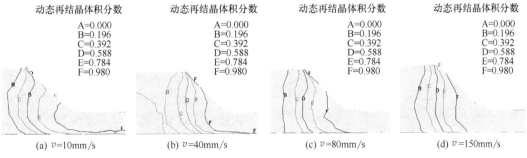

图 5.51 动态再结晶体积分数分布等值线图（$T=1200℃$，$G=4.11$，$\mu=0.10$）

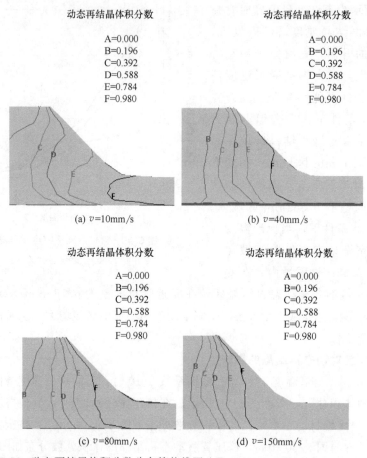

动态再结晶体积分数

A=0.000
B=0.196
C=0.392
D=0.588
E=0.784
F=0.980

动态再结晶体积分数

A=0.000
B=0.196
C=0.392
D=0.588
E=0.784
F=0.980

(a) $v=10$mm/s

(b) $v=40$mm/s

动态再结晶体积分数

A=0.000
B=0.196
C=0.392
D=0.588
E=0.784
F=0.980

动态再结晶体积分数

A=0.000
B=0.196
C=0.392
D=0.588
E=0.784
F=0.980

(c) $v=80$mm/s

(d) $v=150$mm/s

图 5.52 动态再结晶体积分数分布等值线图（$T=1200℃$，$G=5.00$，$\mu=0.10$）

高温合金 IN690 管材挤压变形区属于不均匀变形，管材壁厚横截面方向由内向外变形量逐渐增大，即管材内壁的变形量（即应变量）较小，管材外壁的变形量较大。应变量较小的情况下，应变速率越大，动态再结晶程度越低，因为位错密度积累少，同时变形时间短，所以动态再结晶不能充分进行。应变量较大的情况下，应变速率越大，则动态再结晶程度越高，在应变量足够大的情况下，应变速率越大则位错密度积累就越快，孕育期则越短，很快达到临界条件进行动态再结晶。分析可知，在变形温度为1200℃时，不同挤压速度下管材几乎都处于完全动态再结晶状态。

图 5.53 所示为不同挤压速度时管材内壁不完全动态再结晶厚度。分析可知，在挤压比 3.46、挤压速度 10mm/s 时，管材内壁的不完全动态再结晶厚度为 0.94mm，其区域很小，虽然管材内壁应变量较小，但挤压速度较慢，能够充分发生动态再结

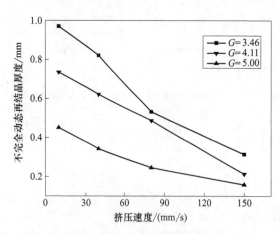

图 5.53 管材内壁不完全动态再结晶厚度与挤压速度

晶。随着挤压速度的增大，不完全动态再结晶区域减小，完全动态再结晶区域增大。

（3）摩擦系数对动态再结晶的影响

在挤压比 3.46、变形温度 1200℃、挤压速度 40mm/s 时，不同摩擦系数条件下，挤压管材动态再结晶的体积分数分布如图 5.54 所示。在挤压比为 4.11 时，其他挤压工艺条件与图 5.54 相同，挤压管材动态再结晶的体积分数分布如图 5.55 所示。在挤压比为 5.00 时，其他挤压工艺条件与图 5.54 相同，挤压管材动态再结晶的体积分数分布如图 5.56 所示。分析可知，在摩擦系数较小时，管材内壁不完全动态再结晶区域较大。摩擦

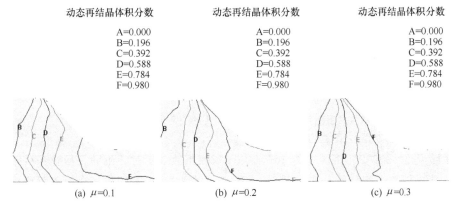

图 5.54　动态再结晶体积分数分布等值线图（$T=1200℃$，$v=40mm/s$，$G=3.46$）

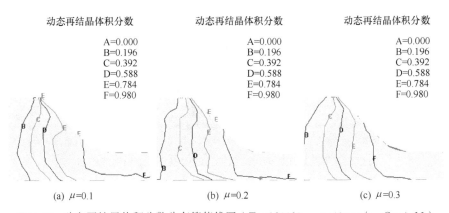

图 5.55　动态再结晶体积分数分布等值线图（$T=1200℃$，$v=40mm/s$，$G=4.11$）

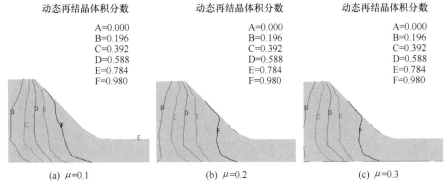

图 5.56　动态再结晶体积分数分布等值线图（$T=1200℃$，$v=40mm/s$，$G=5.00$）

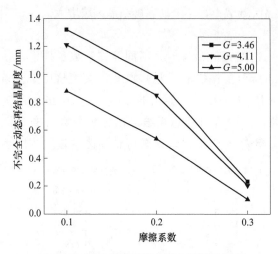

图 5.57 管材内壁不完全动态再结晶厚度
与摩擦系数关系曲线

系数较大时，管材横截面几乎都能发生完全动态再结晶，因为摩擦系数较大时，挤压过程中摩擦产生的热量较多，管材内壁温度较高，动态再结晶条件能够充分满足，所以完全动态再结晶区域较大。

图 5.57 所示为不同摩擦系数条件下，管材内壁不完全动态再结晶厚度。在挤压比为 3.46、摩擦系数为 0.1 时，管材内壁的不完全动态再结晶厚度为 1.32mm。而摩擦系数为 0.3 时，管材内壁的不完全动态再结晶厚度为 0.233mm。可见，摩擦系数越大，管材不完全动态再结晶厚度越小。

（4）挤压比对动态再结晶的影响

在变形温度 1200℃、挤压速度 40mm/s、摩擦系数 0.1 时，不同挤压比条件下，挤压管材动态再结晶的体积分数分布如图 5.58 所示。图 5.59 为不同挤压比时管材内壁不完全

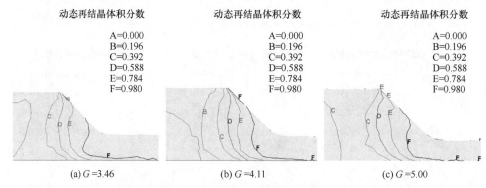

图 5.58 不同挤压比时动态再结晶的体积分数分布等值线图

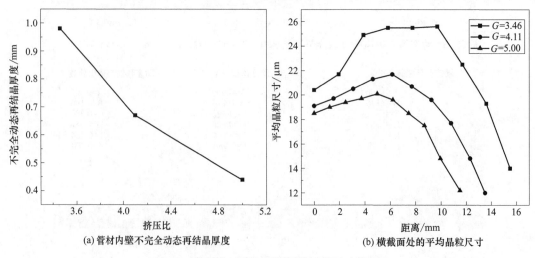

(a) 管材内壁不完全动态再结晶厚度　　　　(b) 横截面处的平均晶粒尺寸

图 5.59 挤压比对动态再结晶及晶粒尺寸的影响

动态再结晶厚度。可以看出，在不同挤压比时，管材变形区都能发生完全动态再结晶。当挤压比 3.46 时，距离内壁 0.98mm 区域为不完全动态再结晶；当挤压比 5.00 时，距离内壁 0.44mm 区域为不完全动态再结晶。随着挤压比增大，挤压过程中的变形程度增大，动态再结晶更容易发生。所以，增大挤压比可以发生完全动态再结晶，有效改善挤压管材组织性能。

图 5.60 为不同挤压比时动态再结晶体积分数云图，分析可知，当挤压比 3.46 时，动态再结晶体积分数为 90.03%，当挤压比 5.00 时，动态再结晶体积分数为 98.76%，再结晶体积分数在不断增大。当挤压比为 5.00 时，晶粒细小，且分布均匀性较好。这一结果与第 6 章的挤压实验结果相吻合，挤压比 5.00 时较为合理。

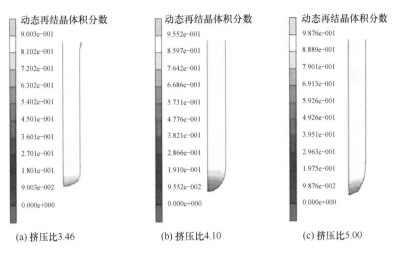

(a) 挤压比3.46　　　　(b) 挤压比4.10　　　　(c) 挤压比5.00

图 5.60　不同挤压比时动态再结晶体积分数

图 5.61 和图 5.62 为不同挤压速度时挤压管材动态再结晶体积分数，由图可见，随着挤压速度的增大，管材动态再结晶体积分数呈减小的趋势，完全再结晶的区域也减小。其原因是在高温变形过程中，动态再结晶形核长大同样也需要一定的时间，只有当应变速率足够低时，才能具有充分的时间发生形核并长大。

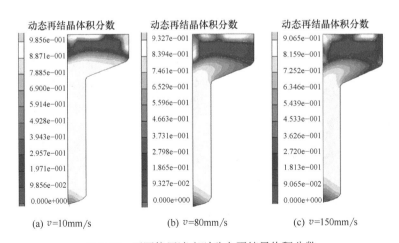

(a) $v=10$mm/s　　　　(b) $v=80$mm/s　　　　(c) $v=150$mm/s

图 5.61　不同挤压速度时动态再结晶体积分数

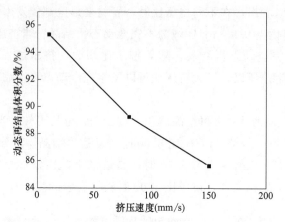

图 5.62 不同挤压速度时挤压管材动态再结晶体积分数

5.8 动态再结晶晶粒尺寸

(1) 变形温度对晶粒尺寸的影响

在挤压速度 40mm/s、挤压比 4.11、摩擦系数 0.10 条件下，不同变形温度时的挤压管材晶粒尺寸分布如图 5.63 所示。可以看出，挤压管材晶粒尺寸在壁厚方向上出现不均匀分布，管材外壁和内壁小，管材中间大。管材头部的晶粒尺寸比较粗大，其原因是管材头部金属在挤压行程时，没有产生三向压应力，而且变形区温度降低较快，所以动态再结晶体积分数较小或无动态再结晶发生，所以晶粒粗大。图 5.64 为不同挤压变形温度时的平均晶粒尺寸，挤压管材平均晶粒尺寸随着挤压变形温度的升高而增大。

在挤压速度 40mm/s、摩擦系数 0.10 条件下，当挤压比分别为 3.46、4.11、5.00 时，不同变形温度时挤压管材晶粒尺寸分布如图 5.65～图 5.67 所示。在变形温度高于

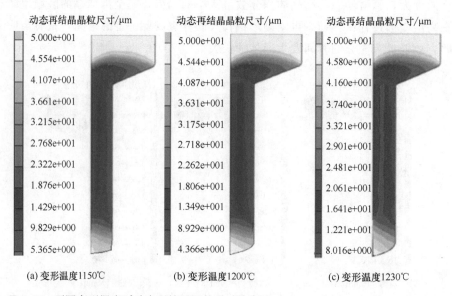

图 5.63 不同变形温度时动态再结晶晶粒尺寸分布（$v=40$mm/s，$\mu=0.10$，$G=4.11$）

1150℃时，管材壁厚方向上的晶粒尺寸由管材内壁向外侧的变化规律为先增大再减小，其原因是在挤压变形过程中，外壁的变形量最大，动态再结晶进行得较完全，因此平均晶粒尺寸小。而管材壁厚中部在挤压变形时，由于会产生很多的变形，热量无法散发，管材中部的温度升高，导致晶粒长大。

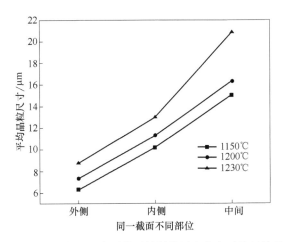

图 5.64 不同变形温度时挤压管材壁厚方向上平均晶粒尺寸

（$v=40\text{mm/s}$，$\mu=0.10$，$G=4.11$）

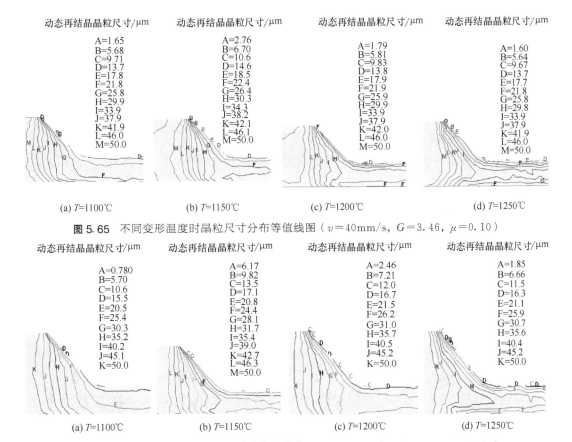

图 5.65 不同变形温度时晶粒尺寸分布等值线图（$v=40\text{mm/s}$，$G=3.46$，$\mu=0.10$）

图 5.66 不同变形温度时晶粒尺寸分布等值线图（$v=40\text{mm/s}$，$G=4.11$，$\mu=0.10$）

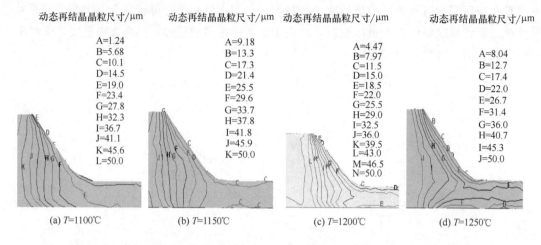

动态再结晶晶粒尺寸/μm
A=1.24
B=5.68
C=10.1
D=14.5
E=19.0
F=23.4
G=27.8
H=32.3
I=36.7
J=41.1
K=45.6
L=50.0

动态再结晶晶粒尺寸/μm
A=9.18
B=13.3
C=17.3
D=21.4
E=25.5
F=29.6
G=33.7
H=37.8
I=41.8
J=45.9
K=50.0

动态再结晶晶粒尺寸/μm
A=4.47
B=7.97
C=11.5
D=15.0
E=18.5
F=22.0
G=25.5
H=29.0
I=32.5
J=36.0
K=39.5
L=43.0
M=46.5
N=50.0

动态再结晶晶粒尺寸/μm
A=8.04
B=12.7
C=17.4
D=22.0
E=26.7
F=31.4
G=36.0
H=40.7
I=45.3
J=50.0

(a) T=1100℃　(b) T=1150℃　(c) T=1200℃　(d) T=1250℃

图 5.67 不同变形温度时晶粒尺寸分布等值线图（v=40mm/s，G=5.00，μ=0.10）

图 5.68 为挤压管材横截面上选取的分析测试点，图 5.69 分别为挤压比 3.46、4.11、5.00 时，分析测试点的晶粒尺寸。分析可知，随着变形温度的升高，管材的平均晶粒尺寸也在增大，因为随着挤压时管材温度的升高，原子扩散速率与晶界迁移速率加快，有利于变形区动态再结晶过程中的形核过程与晶粒长大。因此，管材中部的平均晶粒尺寸由 1150℃ 的 21.5μm 提升到 1250℃ 的 29.6μm。在变形温度为 1100℃ 时，由管材内壁到外壁的晶粒尺寸依次减小，其原因是在变形温度为 1100℃ 时，管材内壁动态再结晶体积分数较小，存在大量的混晶组织，因此内壁的平均晶粒尺寸较大。

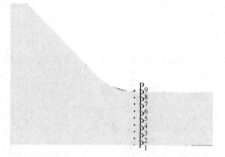

图 5.68 挤压管材横截面上分析测试点

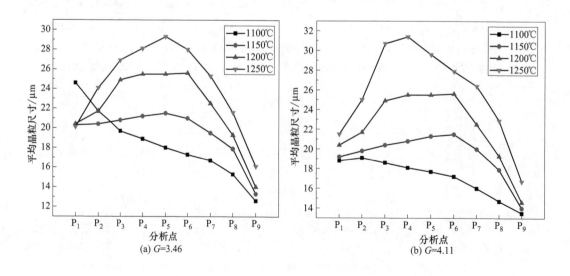

(a) G=3.46　　(b) G=4.11

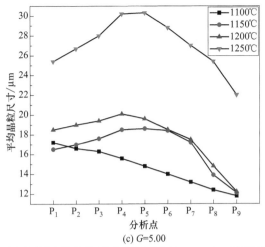

图 5.69　分析测试点的晶粒尺寸（挤压速度 40mm/s，摩擦系数 0.1）

（2）挤压速度对晶粒尺寸的影响

在变形温度 1200℃、挤压比 5.00、摩擦系数 0.10 条件下，不同挤压速度时挤压管材平均晶粒尺寸分布云图如图 5.70 所示。结果表明，随着挤压速度的增大，晶粒分布不均匀性增强。

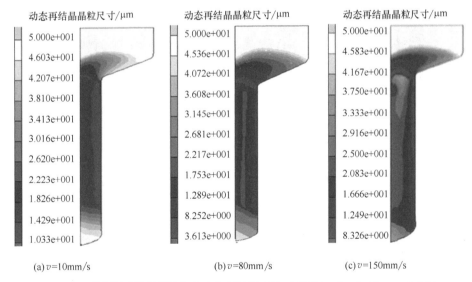

(a) v=10mm/s　　　　(b) v=80mm/s　　　　(c) v=150mm/s

图 5.70　不同挤压速度时晶粒尺寸分布云图（T=1200℃，G=5.00，μ=0.10）

图 5.71（a）为同一截面下管材不同位置的平均晶粒尺寸，分析可知，管材外壁的晶粒尺寸比较细小，内壁次之，管材中心位置的晶粒尺寸最大，其原因是变形区主要集中在圆角部分，所以管材表面晶粒的尺寸比较小，而中间截面由于散热慢、温度较高，所以导致晶粒粗大。由图 5.71（b）可知，管材的晶粒尺寸随着挤压速度的增大呈先减小后增大的趋势，这是因为挤压速度过大时，由于变形功产生的热量比较大，坯料温度升高，所以选择合适的挤压速度对控制挤压后管材的晶粒尺寸至关重要。

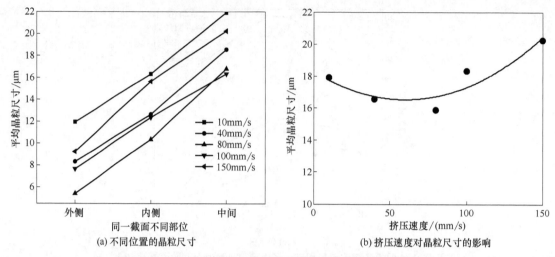

(a) 不同位置的晶粒尺寸　　　　　　　　　　(b) 挤压速度对晶粒尺寸的影响

图 5.71 不同挤压速度时挤压管材壁厚方向上的平均晶粒尺寸

在变形温度 1200℃、摩擦系数 0.10 条件下，当挤压比分别为 3.46、4.11、5.00 时，不同挤压速度时挤压管材晶粒尺寸如图 5.72～图 5.74 所示。

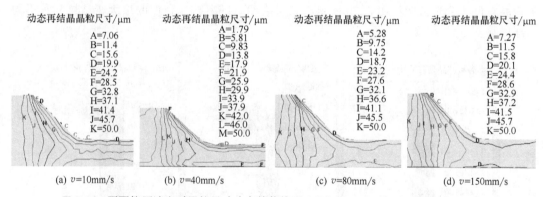

(a) $v=10\text{mm/s}$　　(b) $v=40\text{mm/s}$　　(c) $v=80\text{mm/s}$　　(d) $v=150\text{mm/s}$

图 5.72 不同挤压速度时晶粒尺寸分布等值线图（$T=1200℃$，$G=3.46$，$\mu=0.10$）

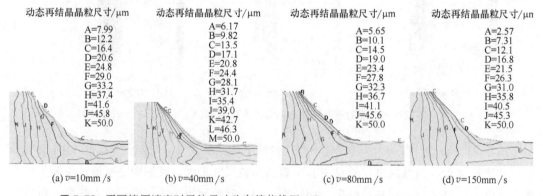

(a) $v=10\text{mm/s}$　　(b) $v=40\text{mm/s}$　　(c) $v=80\text{mm/s}$　　(d) $v=150\text{mm/s}$

图 5.73 不同挤压速度时晶粒尺寸分布等值线图（$T=1200℃$，$G=4.11$，$\mu=0.10$）

虽然挤压速度对动态再结晶的体积分数影响不大，但对平均晶粒尺寸影响较大。图 5.75 为各个分析测试点的晶粒尺寸。分析可知，挤压速度越慢晶粒尺寸越大，因为挤压

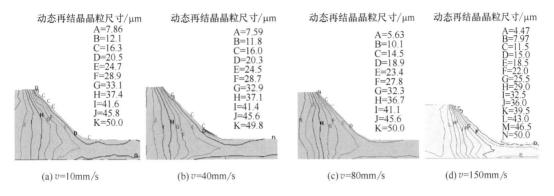

动态再结晶晶粒尺寸/μm
A=7.86
B=12.1
C=16.3
D=20.5
E=24.7
F=28.9
G=33.1
H=37.4
I=41.6
J=45.8
K=50.0

动态再结晶晶粒尺寸/μm
A=7.59
B=11.8
C=16.0
D=20.3
E=24.5
F=28.7
G=32.9
H=37.1
I=41.4
J=45.6
K=49.8

动态再结晶晶粒尺寸/μm
A=5.63
B=10.1
C=14.5
D=18.9
E=23.4
F=27.8
G=32.3
H=36.7
I=41.1
J=45.6
K=50.0

动态再结晶晶粒尺寸/μm
A=4.47
B=7.97
C=11.5
D=15.0
E=18.5
F=22.0
G=25.5
H=29.0
I=32.5
J=36.0
K=39.5
L=43.0
M=46.5
N=50.0

(a) v=10mm/s   (b) v=40mm/s   (c) v=80mm/s   (d) v=150mm/s

图 5.74 不同挤压速度时晶粒尺寸分布等值线图（T=1200℃，G=5.00，μ=0.10）

速度越小，则挤压时间越长，晶粒具有足够的时间长大。在挤压速度较小时，管材内壁的晶粒尺寸较大，因为管内壁的变形量较小，同时变形速度较小，则形核率较小，动态再结晶后发生晶粒粗大而且分布不均匀。管材内壁的晶粒尺寸大于管材外壁的晶粒尺寸，因为外壁的应变量较大，动态再结晶程度较高，在挤压过程中很容易达到动态再结晶的条件，因此发生动态再结晶，因此导致最终晶粒尺寸较小。而管壁中部因为产生的热量不容易散发而导致温度升高，因此晶粒尺寸较大。在挤压速度不同的情况下，管材内壁的晶粒尺寸比管材外壁的晶粒尺寸变化大。在挤压比 3.46、挤压速度 10mm/s 时，管材内壁平均晶粒尺寸为 23.5μm，外壁平均晶粒尺寸为 17.7μm，而挤压速度为 150mm/s 时，管材内壁平均晶粒尺寸为 18.3μm，外壁平均晶粒尺寸为 16.6μm。

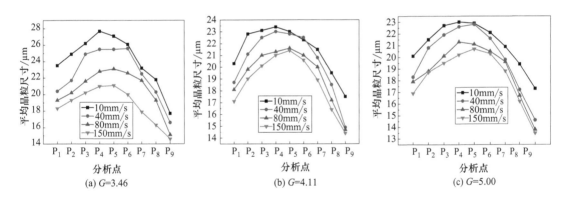

(a) G=3.46   (b) G=4.11   (c) G=5.00

图 5.75 分析测试点的晶粒尺寸

(3) 摩擦系数对晶粒尺寸的影响

在变形温度 1200℃、挤压速度 40mm/s 条件下，当挤压比分别为 3.46、4.11、5.00 时，不同摩擦系数时挤压管材的晶粒尺寸分布如图 5.76～图 5.78 所示。

当挤压比分别为 3.46、4.11、5.00 时，不同摩擦系数时各个分析点的晶粒尺寸如图 5.79 所示。可以看出，随着摩擦系数的增大，平均晶粒尺寸增大。虽然摩擦系数越大，完全动态再结晶程度越大，但是摩擦产生的热量越多，则坯料的温度越高，所以晶粒长大程度越大，晶粒尺寸越大。

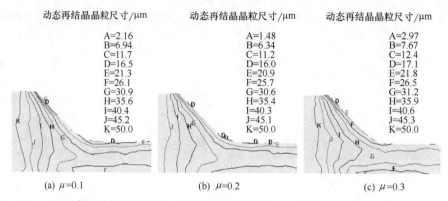

(a) $\mu=0.1$ (b) $\mu=0.2$ (c) $\mu=0.3$

图 5.76　不同摩擦系数时晶粒尺寸分布等值线图（$T=1200\text{℃}$，$v=40\text{mm/s}$，$G=3.46$）

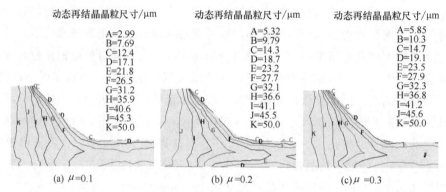

(a) $\mu=0.1$ (b) $\mu=0.2$ (c) $\mu=0.3$

图 5.77　不同摩擦系数时晶粒尺寸分布等值线图（$T=1200\text{℃}$，$v=40\text{mm/s}$，$G=4.11$）

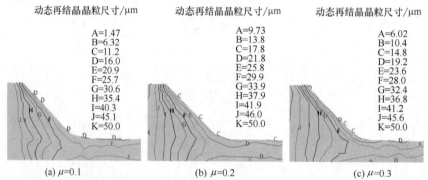

(a) $\mu=0.1$ (b) $\mu=0.2$ (c) $\mu=0.3$

图 5.78　不同摩擦系数时晶粒尺寸分布等值线图（$T=1200\text{℃}$，$v=40\text{mm/s}$，$G=4.11$）

（4）挤压比对晶粒尺寸的影响

图 5.80 为不同挤压比时管材横截面上的晶粒尺寸分布。图 5.81 为不同挤压比时挤压管材晶粒尺寸分布。分析可知，挤压管材内壁和外壁的平均晶粒尺寸较小，而中间的晶粒尺寸较大。提高挤压比，晶粒尺寸减小。同时，增大挤压比，晶粒尺寸减小速率降低。当挤压比 3.46 时，挤压管材壁厚方向中间位置的平均晶粒尺寸为 $25.6\mu\text{m}$。当挤压比 4.11 时，中间部位平均晶粒尺寸为 $21.7\mu\text{m}$。当挤压比 5.00 时，中间部位平均晶粒尺寸为 $20.1\mu\text{m}$。其原因是挤压比增大，变形程度增大，动态再结晶体积分数增大，动态再结晶

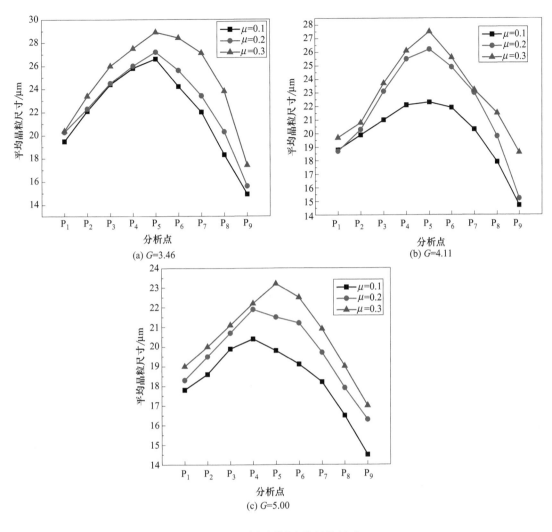

图 5.79　分析测试点的晶粒尺寸

进行得更加完全，从而使动态再结晶晶粒尺寸减小。

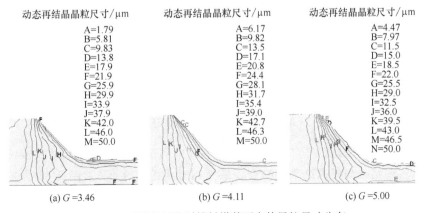

图 5.80　不同挤压比时管材横截面上的晶粒尺寸分布

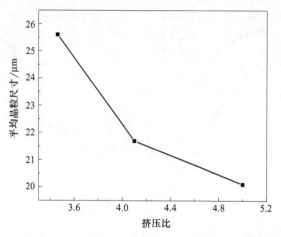

图 5.81 不同挤压比时挤压管材晶粒尺寸分布

5.9 模拟结果与实验结果对比

图 5.82 为挤压管材动态再结晶体积分数和晶粒尺寸分布。分析可知，管材中心部位由于温度较高，所以微观组织晶粒粗大，由于管材外壁温度较低和与凹模圆角接触变形，所以管材外壁晶粒尺寸要小于管材内壁和中部晶粒尺寸。由图 5.82（a）可以得到，挤压管材动态再结晶体积分数在 90% 以上，处于完全动态再结晶状态。由图 5.82（b）可以得到，挤压管材晶粒尺寸在 4.3～13.4μm 之间，晶粒尺寸细化明显。

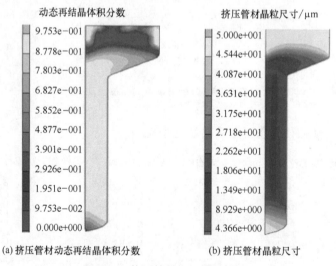

（a）挤压管材动态再结晶体积分数 （b）挤压管材晶粒尺寸

图 5.82 挤压管材组织模拟结果

图 5.83 为挤压管材壁厚方向上内壁、外壁和中间位置平均晶粒尺寸实验结果与模拟结果比较，实验结果与模拟结果相吻合，最大相对误差为 9.2%。图 5.84 为挤压力的模拟结果与实验结果比较，分析可知，模拟结果与实验结果相吻合，其最大相对误差为 4.2%。

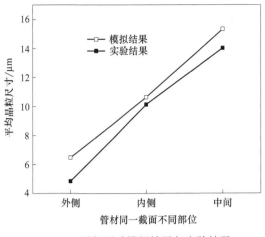

图 5.83 晶粒尺寸模拟结果与实验结果   图 5.84 挤压力模拟结果与实验结果

研究结果表明：①在高温合金管材挤压变形过程中，挤压管材发生了动态再结晶，晶粒分布均匀且得到细化。挤压管材壁厚方向上的外壁和内壁的晶粒尺寸小于中间位置。②提高变形温度，管材发生完全动态再结晶的区域增大，管材的晶粒尺寸也在增大。③提高挤压速度，管材发生完全动态再结晶的区域增大，挤压管材的平均晶粒尺寸减小。④提高摩擦系数，管材发生完全动态再结晶的区域增大，管材的晶粒尺寸也随之增大。⑤增大挤压比，管材发生完全动态再结晶的区域增大，平均晶粒尺寸也随之减小。

5.10 挤压凹模形状优化

5.10.1 凹模型面的选择

管材挤压成形重要工艺参数包括挤压温度、挤压速度、挤压比、凹模形状、润滑条件等，而凹模型面形状是挤压模具结构设计中的重点。

凹模型面是决定金属流动方式的关键因素，对挤压力和变形的均匀程度有重要影响。对于正挤压，若采用平底凹模，会形成面积较大的"死区"，金属流动将受到影响。采用合适的凹模不仅能改善金属的流动性，提高材料的力学性能，降低挤压力，而且可以减小设备参数，延长模具寿命。因此，对于管材挤压工艺来说，凹模型面的设计是整个模具设计的重要环节。

凹模设计时选用了锥形凹模、凸椭圆凹模、凹椭圆凹模、双曲线凹模，如图 5.85 所示。凹模模角是指凹模的模面与挤压轴线的两倍夹角。综合考虑多种因素，凹模模角在 $90°\sim150°$，即凹模半模角 α 在 $45°\sim75°$ 之间比较合理。因此，在实验设计时，选用了 $30°$、$45°$、$60°$、$65°$ 和 $70°$ 的凹模，定径带 $h=3mm$。

凹模模角是管材挤压成形工艺重要参数，当凹模模角较大时，会形成较大的金属死区，此时挤压力也大；当模角小时，挤压余料增加，不利于节约材料和后续加工工序和。

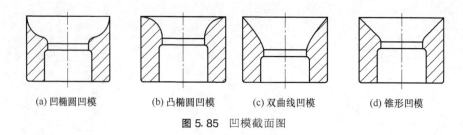

(a) 凹椭圆凹模　　(b) 凸椭圆凹模　　(c) 双曲线凹模　　(d) 锥形凹模

图 5.85　凹模截面图

通过实验和理论研究发现：用 45°锥模时有最小的挤压力，25°等应变速率模的挤压力与 25°锥模接近；管材挤压过程数值模拟表明，用 45°锥模时挤压力最小，25°等应变速率模的挤压力与 25°锥模接近。当模角大于 35°时，凹椭圆模的挤压力有逐渐降低的趋势，但所需挤压力明显偏大；凸椭圆模、锥模的挤压力有增大的趋势。当模角小于 35°时，锥模和等应变速率模的挤压力相近并且所需挤压力最小。图 5.86 为挤压凹模型面形状及尺寸。

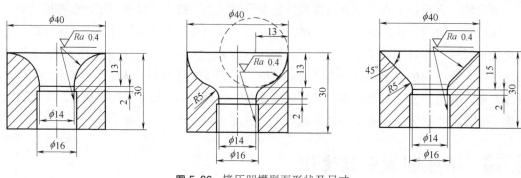

图 5.86　挤压凹模型面形状及尺寸

5.10.2　几何模型的建立

利用三维造型软件建立了凹模型面几何模型，管材挤压工艺几何模型如图 5.87 所示。管材挤压工艺为轴对称变形，采用二维模拟和大变形弹塑性模型。实验材料为铅，坯料尺寸为外径 $D_0 = 40.5$mm，内径 $d_0 = 12.5$mm，高度 $h = 40$mm，挤压管材件外径 $D_1 = 20.5$mm，内径 $d_1 = 12.5$mm，管材壁厚 4mm，管件长度 130mm，挤压比 $G = 5.62$，挤压速度 1mm/s，摩擦系数 0.1。

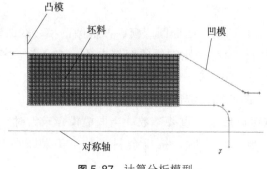

图 5.87　计算分析模型

5.10.3 模拟结果与分析

(1) 管材挤压过程分析

以30°锥形模为例来进行管材挤压过程的分析。挤压力与变形时间的关系曲线如图5.88所示。根据挤压力的变化，挤压过程可以分为三个阶段。

第一阶段：挤压开始阶段。凸模下压接触坯料，坯料受到凸模的压力后在模具内变形，逐渐充满挤压筒和凹模口，挤压力急剧增加。在这一阶段中挤压力必须克服金属内部的变形阻力以及坯料与模具间的摩擦力。对于管材正挤压工艺，当金属开始流入凹模口时，挤压力就上升到最大值。此时变形主要集中在凹模模壁和凹模口附近，如图5.89（a）和图5.90（a）所示。

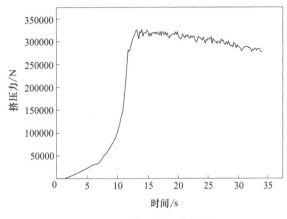

图 5.88　时间-挤压力曲线

第二阶段：稳定变形阶段。挤压力上升至峰值后，变化比较平稳。凸模下压，迫使金属继续流动。在这一阶段变形区稳定不变，坯料通过挤压筒到挤压凹模后，即完成管材挤压加工。由于坯料与模具接触面积越来越小，摩擦力也随着变小，挤压力会随着坯料长度的减小而有所下降。如图5.89（b）所示，变形主要集中在与凹模口和定径带处接触的管材外表面，这部分金属受挤压针轴向力和凹模径向力的共同作用，发生轴向应变和径向应变，而越靠近中心部变形量越小。应力主要集中在凹模口处，如图5.90（b）所示。凹模模口处是变形的集中处，而且与坯料间的相对滑动较大，所以，凹模的模口处较其他部分更容易变形和磨损。

第三阶段：终挤阶段。当坯料的残余厚度小于稳定变形区的高度时，继续挤压，变形区的大小与形状将发生变化，挤压力会急剧上升。坯料的剩余厚度大于变形区的高度，终挤阶段仍处于稳定变形阶段，不会出现挤压力急剧上升的现象。在实际生产中，采用石墨垫直接将管材挤压出凹模，使挤压管材与凹模直接分离。终挤时等效应变和等效应力分别如图5.89（c）和图5.90（c）所示。

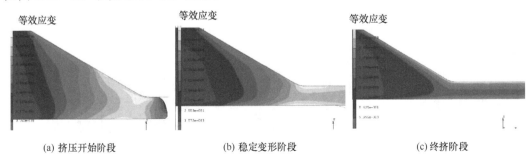

| (a) 挤压开始阶段 | (b) 稳定变形阶段 | (c) 终挤阶段 |

图 5.89　挤压过程的等效应变场

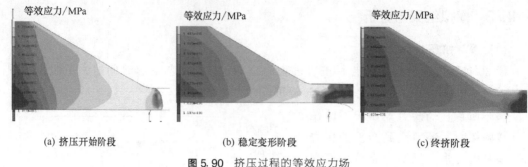

| (a) 挤压开始阶段 | (b) 稳定变形阶段 | (c) 终挤阶段 |

图 5.90　挤压过程的等效应力场

(2) 凹模型面对挤压力的影响

图 5.91 为不同凹模型面时的挤压力的比较。分析可知，凸椭圆模的挤压力变化剧烈。

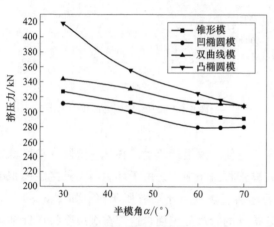

图 5.91　不同凹模型面时的挤压力

随着半模角 (α) 增大，所需挤压力急剧降低。双曲线模的挤压力随着半模角的增大而逐渐减小，当半模角在 $60° \sim 70°$ 时，挤压力变化比较平缓。锥形模的挤压力随着半模角的增大而逐渐减小。当半模角为 $70°$ 时，锥形模的挤压力是最小的。凹椭圆模的挤压力变化比较平稳，在 $45°$ 时的挤压力最小。结果表明，随着凹模半模角的增大，挤压力明显有减小的趋势。当半模角在 $60° \sim 70°$ 范围时，挤压力较小，有利于管材成形。当半模角在 $70°$ 时，锥形模的挤压力小于其他形状凹模。

(3) 凹模型面对速度场的影响

图 5.92 为挤压过程的速度场。从图 5.92（a）中可以看出，在挤压开始阶段，靠近挤压筒与凹模交界处的金属坯料，由于受到凹模型面的影响，金属的流动受到限制，其速度不到 $0.7 \mathrm{mm/s}$，而靠近挤压针部分的金属流动速度可达到 $3.4 \mathrm{mm/s}$。这主要是由于凹模型面底部摩擦的影响，越靠近凹模侧壁阻力越大，而在凹模孔的部分比较小，形成了一个金属几乎不流动的类三角形区域，这个区域就是"死区"。随着挤压过程的进行，金属

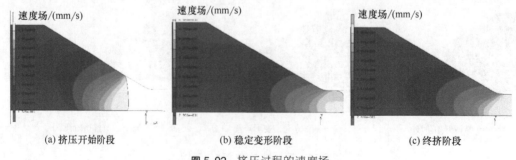

| (a)挤压开始阶段 | (b)稳定变形阶段 | (c)终挤阶段 |

图 5.92　挤压过程的速度场

流动速度逐渐增大，当管材通过凹模口后，挤压过程进入稳定挤压阶段，如图 5.92 （b）所示，金属流动速度达到最大值。在管材挤出时，管材运动速度大于凸模挤压速度。由于金属沿挤压针的表面流动，金属与挤压针之间存在接触摩擦力，当金属流速最大时摩擦力也是最大，因此挤压针受到坯料的拉力作用。因此，对挤压针进行合理润滑，是减少金属与挤压针的摩擦力的有效措施，以防止挤压针在管材挤压成形过程中被拉断。进入平稳挤压阶段后，金属的流动相当于无数同心薄壁圆管的流动，坯料的内外层金属基本上不发生交错或反向的紊乱流动。一直到终挤阶段，金属的流动速度都很平稳。

在分析图 5.92 中速度场时可知，金属流动的最大速度是出现在金属开始流过凹模口时。在挤压过程中，不同的凹模型面对金属的最大流动速度有很大的影响。另外，死区主要集中在凹模与挤压筒交界处的三角形区域，因此不同的凹模曲面和凹模模角对死区的区域及死区中金属的流动速度同样也有影响。在实际挤压时，由于在死区和塑性区的边界存在着剧烈滑移区，导致死区也缓慢地参与流动，随着挤压的进行，死区的体积逐渐减少。

图 5.93 是不同凹模型面时的金属最大流动速度的比较。可以看出，双曲线模的流速随着半模角的增大而增大。凸椭圆模在半模角较大时流速较高，最大值出现在半模角为 60°，之后随着角度增大，流速下降；凹椭圆模的流速在半模角为 45°时最大。锥形模的流速也随着半模角的增大而增大，相比较其他三条曲线凹模，锥形模的金属流速较小但是变化比较平稳。从总体上看，随着半模角的增大，金属的最大流动速度有增大的趋势，也就是说，大角度的凹模有利于金属流动。当半模角为 70°时，双曲线模的金属流速值是最大的。

图 5.94 是终挤时不同凹模的死区分布。从中可以看出，在 45°以下，凹椭圆模、双曲线模和锥形模的死区面积很小，甚至部分凹模不存在死区，如果从死区范围来看，应该选择小角度的凹模。从图

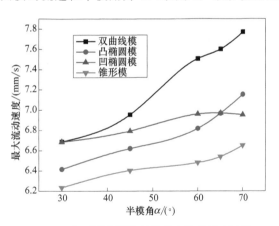

图 5.93　在不同半模角时的最大流动速度比较

5.94 （b）凹椭圆模的死区分布来看，随着角度的增大，死区的范围从凹模型面靠近模口处向挤压筒壁扩展，而其他三种曲线模的死区都是在挤压筒壁和凹模面之间的三角形区域。这可能是因为凹椭圆模呈碗状的结构，比其他曲线模有较大的弧度。

以上结果表明，在凹模半模角相同的情况下，双曲线模和锥模的死区面积较小。随着半模角的增大，终挤时死区的面积也在增大，当死区面积过大时，管材内外流动过于不均匀，会导致管材在此处拉裂。因此，凹模的角度不能太大。随着半模角的增大，金属的最大流动速度和死区的面积都有变大的趋势，但是，挤压力随着半模角的增大而减小。死区的面积虽然随着半模角增大而增大，但是金属流速为 0 的区域很小，对管材的影响不大。综合考虑，当半模角在 60°～70°范围内有利于管材成形。

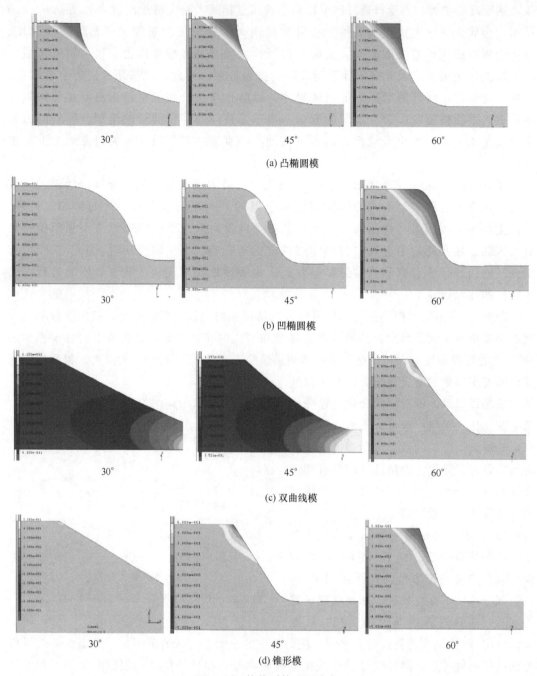

(a) 凸椭圆模

(b) 凹椭圆模

(c) 双曲线模

(d) 锥形模

图 5.94　终挤时的死区分布

5.10.4　实验研究

（1）挤压实验条件

管材挤压成形在 1000kN 四柱压力机上完成，设备液压系统最大工作压力 24MPa。管材挤压模具结构及模具零件如图 5.95 所示，包括挤压套、挤压轴、挤压针、挤压垫和挤压凹模。模具材料为热作模具钢 5CrMnMo。挤压材料为铅，挤压坯料、挤压管材的尺寸及挤压凹模如图5.96所示,挤压比$G=5.62$,管材件壁厚为4mm。

(a) 挤压模具

(b) 挤压凹模

图 5.95 挤压模具及挤压凹模

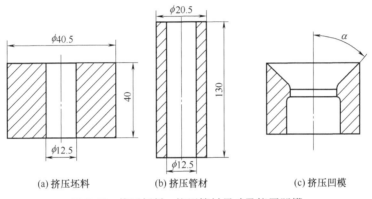
(a) 挤压坯料　　　　(b) 挤压管材　　　　(c) 挤压凹模

图 5.96 挤压坯料、挤压管材尺寸及挤压凹模

(2) 实验结果与分析

在实验室成功挤出铅管,并得到不同凹模型面时的挤压力实验数据,如表5.7所示。挤压凹模形状对挤压力的影响规律如图5.97所示。

⊡ **表 5.7　挤压力实验数据**　　　　　　　　　　　　　　　　　单位:kN

半模角/(°) 凹模形状	30	45	60	65	70
锥形模	264.667	239.792	217.917	211.375	202.5
凹椭圆模	255.792	227.375	236.25	243.375	246.917
双曲线模	254	248.667	206.042	211.375	213.625
凸椭圆模	307.292	262.917	245.125	239.792	218.5

从图5.97中可以看出,凸椭圆模的挤压力随着半模角的增大有下降的趋势,但是在半模角较小时,凸椭圆模比其他曲面模的挤压力高出20%。这是因为凸椭圆模与定径带是相切的,当半模角较小时,挤压针与定径带之间的距离变小,坯料与凹模的接触面积增加,引起摩擦力增大,所需挤压力就比其他凹模大。锥形模随着半模角增大,所需挤压力也有减小的趋势。在挤压较大的坯料时,这种现象会非常明显。凹椭圆模在45°附近时挤压力最小。双曲线模在60°附近时挤压力最小。与其他曲面模相比,凹椭圆模的挤压力变化趋势较平缓。从整体上看,随着半模角的增大,曲面模的最大挤压力有变小的趋势。这

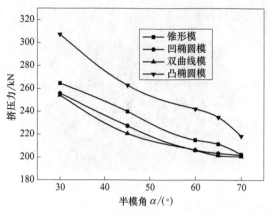

图 5.97 挤压力与凹模型面的关系曲线

是因为，随着半模角增大，各凹模曲面的表面积变小，在变形过程中，金属坯料与凹模表面的接触面积减少，坯料受到的外摩擦力变小，因而金属沿接触表面流动需要的外力变小。挤压力较小的区间是半模角在 60°～70° 的双曲线模和锥形模。其中，70° 锥形模的挤压力最小，60° 双曲线模次之。

管材挤压最大挤压力的模拟与实验值的对比如图 5.98 所示。可以看出，对于不同型面的凹模，挤压力的模拟结果与实验结果在变化趋势上相吻合，最大相对误差为 40%。

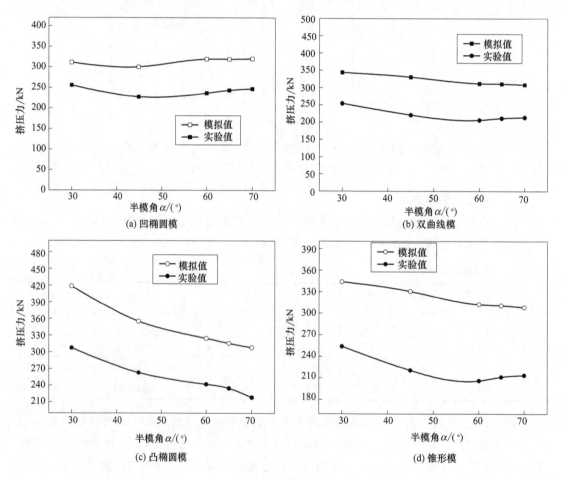

图 5.98 最大挤压力的模拟结果与实验结果对比

管材成形件如图 5.99（a）所示，挤压管材表面无裂纹，光洁度较好。在坯料高度和剩余坯料厚度相同的情况下，不同凹模型面的管件长度如图 5.99（b）所示。

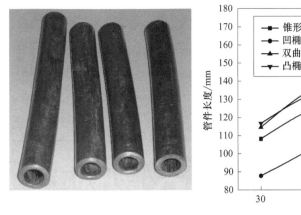

(a) 铅管挤压件

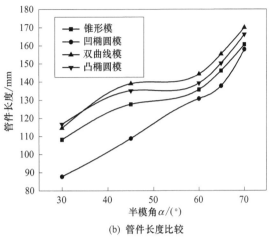

(b) 管件长度比较

图 5.99 挤压管材及尺寸

　　研究结果表明：①根据模拟的挤压力结果可知，对于凸椭圆模、双曲线模和锥形模，随着半模角增大，挤压力减小。其中，凸椭圆模挤压力的变化比较剧烈，在角度较小时挤压力非常大。凹椭圆模的挤压力变化比较平稳。②不同凹模型面的金属流动状态是不同的。随着半模角的增大，双曲线模和锥形模的流速都增大；而凸椭圆模在半模角为 60°时流速最大；凹椭圆模的流速在半模角为 45°时最大，锥形模的金属流速比较小，也比较平稳。半模角为 60°～70°时的凹模有利于金属流动。70°双曲线模的金属流速最大。

6

高温合金管材挤压动态再结晶规律

6.1 元胞自动机理论

元胞自动机（cellular automata，CA）法是金属材料再结晶形核和晶粒长大过程的主要研究方法，属于介观尺度计算材料科学。CA法利用简单的局部规则和离散方法描述由局域相互作用产生的复杂物理现象与形态。CA法在制定局域转化规则的时候引入了曲率驱动机制、热力学驱动机制和能量耗散机制，更真实地反映了晶界迁移的物理过程。

CA法的基本思想是通过制定邻域内元胞的确定性或概率转换规则，以离散的时间和空间方式描述复杂系统的演化。在元胞自动机模型中，一个复杂体系被分解成有限个元胞，并把时间离散为一定间隔的时间步长，再将每个元胞可能的状态划分为有限个分离的状态。元胞在每个时间步的状态转变按一定演变规则来实现，而且其转变是随时间不断地对体系各元胞同步进行的，因此一个元胞的状态既受邻近元胞状态的影响，同时也影响着邻近元胞的状态。

一个元胞自动机模型由以下五部分组成。

① 元胞。元胞又称单元或基元，是元胞自动机最基本的组成部分，分布在离散的一维、二维或多维欧几里得空间的晶格点上。

② 元胞状态。在模拟晶粒生长的过程中，元胞状态代表晶粒取向。

③ 元胞空间。元胞分布在空间网点的集合就是元胞空间，按空间的维数可分为一维、二维、三维和高维空间，对于大多数实际问题，应用最多的是二维和三维空间。

④ 邻居类型。在一维元胞自动机中，通常以半径来确定邻居，距离一个元胞内的所有元胞被认为是该元胞的邻居。

⑤ 转换规则。在元胞自动机中，空间局部范围内某一个元胞在下一时刻的状态由该时刻其本身的状态和它的邻居元胞的状态共同决定。将一个元胞的所有可能状态连同负责该元胞的状态变换规则一起称为一个变换函数。

元胞自动机是一种时间和空间以及对象的状态都是离散形式的动力学模型，也是目前研究非线性科学的重要研究工具。散布在规则格网（lattice grid）中的每一元胞（cell）取有限的离散状态，遵循同样的作用规则，依据确定的局部规则做同步更新。大量元胞通过简单的相互作用而构成动态系统的演化，很多非线性物理现象都可以采用元胞自动机法进行模拟，因此元胞自动机可用于研究很多一般的自然现象，在材料成形及控制工程领域亦有较为广泛的应用。元胞自动机可用来研究很多一般现象。其中包括通信、信息传递（communication）、计算（compulation）、构造（construction）、材料学（grain growth）、复制（reproduction）、竞争（competition）与进化（evolution）等。同时。它为动力学系统理论中有关秩序（ordering）、紊动（turbulence）、混沌（chaos）、非对称（symmetry-breaking）、分形（fractality）等系统整体行为与复杂现象的研究提供了一个有效的模型工具。

金属发生动态再结晶后，其微观组织的大小、状态和分布的均匀情况会对材料的综合性能产生显著的影响。所以如果能预测金属在变形时的微观变化状态这将具有非常重要价值。在实际中，要想观察微观组织的形貌和大小需要先做相关的试验，再进行取样磨金相等试验，从而检验工艺参数是否合理等。而通过模拟来观测变形过程中的动态再结晶就是很好的方法，目前可以采用的方法为元胞自动机（CA）法。

动态再结晶晶粒的大小和分布的均匀程度显著影响金属材料的力学性能。因此，控制和预测热变形过程中动态再结晶微观组织的演变具有重要意义。利用有限元模拟商业软件与元胞自动机（CA）法相结合，对 IN690 高温合金管材挤压成形动态再结晶及组织演变规律进行了模拟分析。

元胞自动机法在非线性问题和复杂动态系统的模拟上日趋成熟，已经成功应用于很多科学领域中。国外 Rappaz[61] 和 Gandin[62] 等很早就利用 CA 法模拟了凝固组织。Goetz[63] 首次采用 CA 法模拟了动态再结晶过程。其应用还有变形过程中晶粒演变规律研究[64]、连续冷却过程中低碳钢奥氏体-素体相变的晶粒演变规律研究[65]、高温合金定向凝固枝晶生长规律研究[66]、Nimonic 80A 高温合金静态再结晶行为研究[67]、高温合金凝固过程枝晶生长行为研究[68] 等。

6.2　元胞自动机模型建立

(1) 位错密度模型

IN690 高温合金管材挤压成形属于热加工工艺，挤压变形过程中产生变形积累位错。在微观组织演变规律模拟计算时，位错密度模型见式（6.1）～式（6.3）。

$$\frac{\mathrm{d}\rho_i}{\mathrm{d}\varepsilon} = h - r\rho_i \tag{6.1}$$

$$h = h_0 \left(\frac{\dot{\varepsilon}}{\dot{\varepsilon}_0}\right)^m \exp\frac{mQ}{RT} \tag{6.2}$$

$$r = r_0 \left(\frac{\dot{\varepsilon}}{\dot{\varepsilon}_0}\right)^{-m} \exp\frac{-mQ}{RT} \tag{6.3}$$

式中，ρ_i 为位错密度，m^{-2}；h 为位错应力场作用范围高度，m；r 为位错应力场作用范围半径，m；ε 为应变；m 为速率敏感度，一般 m 取 0.2；h_0 为硬化常数；r_0 为回复常数；$\dot{\varepsilon}$ 为应变速率，s^{-1}；$\dot{\varepsilon}_0$ 为应变速率校准常数；Q 为激活能，J/mol；R 为气体常数，8.314J/(mol·K)；T 为管材挤压温度，K。

(2) 回复模型

在热加工过程中，在金属内部同时进行着加工硬化与回复再结晶软化两个相反的过程。在商业计算机模拟软件中，采用的回复模型为 Goetz[63] 提出的，即每一时间步随机选取一定数量的元胞，使其位错密度降低一半，见式（6.4）。

$$\rho_{i,j}^t = \rho_{i,j}^{t-1}/2 \tag{6.4}$$

使得各个元胞的位错密度分布不均匀。元胞数量 N 由式（6.5）确定。

$$N = \left(\frac{\sqrt{2}M}{K}\right)^2 \dot{\rho}^2 \tag{6.5}$$

式中，M 为 CA 模型中总元胞数；K 为常数，取 6030；$\dot{\rho}$ 为位错密度增长速率。

(3) 形核模型

动态再结晶的形核与位错密度有关。随着应变速率的增大，位错密度 ρ 以一定速率增大，达到临界值 ρ_c 时，新晶粒开始在晶界处以一定形核速率 $\dot{n}$ 开始形核。一般认为形核速率 $\dot{n}$ 与应变速率 $\dot{\varepsilon}$ 呈线性关系，见式（6.6）。

$$\dot{n} = C\dot{\varepsilon}^\alpha \tag{6.6}$$

式中，C，α 为常数，$\alpha = 0.9$，$C = 200$。

(4) 晶粒长大模型

动态再结晶晶粒的生长速度与单位面积的驱动力成正比，见式（6.7）。

$$v_i = \frac{b}{kT} D \exp\left(\frac{-Q_b}{RT}\right) F_i/(4\pi r_i^2) \tag{6.7}$$

$$F_i = 4\pi r_i^2 \tau(\rho_m - \rho_i) - 8\pi r_i \gamma_i \tag{6.8}$$

式中，v_i 为再结晶晶粒的生长速度；k 为玻尔兹曼常数；r_i 为第 i 个动态再结晶晶粒的半径；b 为伯格斯矢量；D 为扩散系数；Q_b 为边界激活能，J/mol；ρ_i 为位错密度，m^{-2}；ρ_m 为与之相邻晶粒的位错密度；τ 为线位错能，N/m^2，见式（6.9）；γ_i 为界面能，见式（6.10）。

$$\tau = 0.5Gb^2 \tag{6.9}$$

$$\gamma_i = \gamma_m \frac{\theta_i}{\theta_m}\left(1 - \ln\frac{\theta_i}{\theta_m}\right) \tag{6.10}$$

式中，G 为剪切模量；θ_i 为再结晶晶粒的取向；θ_m 为相邻晶粒的取向；γ_m 为晶界成为大角度晶界时的界面能，见式（6.11）。

$$\gamma_m = \frac{Gb\theta_m}{4\pi(1-\mu)} \tag{6.11}$$

式中，μ 为泊松比。

6.3 动态再结晶组织演变模型

高温合金动态再结晶运动学方程为：

$$\ln d_x = -0.486 \lg Z - 11150/T + 18.68 \tag{6.12}$$

$$\ln d_x = -0.395 \ln Z + 0.4 \lg \dot{\varepsilon} + 17.45 \tag{6.13}$$

高温合金动态再结晶动力学方程：

$$X = 1 - \exp\left[-0.693\left(\frac{\varepsilon - \varepsilon_c}{\varepsilon_{0.5}}\right)^{0.62}\right] \tag{6.14}$$

$$\varepsilon_{0.5} = 0.018 d_0^{0.026} Z^{0.06} \tag{6.15}$$

式中，X 为动态再结晶体积分数；ε 为真应变；ε_p 为峰值应变；ε_c 为临界应变；$\varepsilon_{0.5}$ 为再结晶发生 50% 时的应变。

高温合金 IN690 动态再结晶临界条件：

$$\left.\begin{array}{l} \varepsilon_c = 0.0164 Z^{0.04114} \\ \varepsilon_p = 0.0149 Z^{0.04686} \\ \sigma_c = 0.6135 Z^{0.09838} \end{array}\right\} \tag{6.16}$$

动态再结晶完成时的稳态应变为：

$$\varepsilon_{st} = 0.0463 Z^{0.0438} \tag{6.17}$$

6.4 初始条件

(1) 挤压坯料

IN690 高温合金为 $\phi 120$mm 锻造态棒料，挤压管坯如图 6.1 所示。表 6.1 为管坯的尺寸。以挤压出合格质量的管材为目的，在挤压加工之前对管坯进行固溶处理和表面处理，以提高坯料的表面质量和组织性能。图 6.2 为挤压凹模结构及尺寸。

图 6.1 IN690 合金挤压坯料

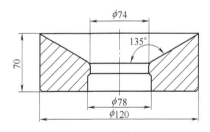

图 6.2 挤压凹模结构及尺寸

▫ 表 6.1 高温合金 IN690 管坯尺寸

编号	外径/mm	内径/mm	高度/mm
1#	116.3	44.8	184
2#	116.2	45	153
3#	116.3	44.7	151

(2) 挤压工艺参数

模具的预热温度如表 6.2，采用的加热工具为电阻炉，挤压机为卧式的，工艺参数见表 6.3。挤压过程中，模具与坯料采用玻璃润滑剂进行润滑。

▣ 表 6.2　挤压模具的预热温度

模具构件	挤压筒	凹模	挤压针	挤压垫
预热温度/℃	350	350	150	700

▣ 表 6.3　挤压工艺参数选择

编号	挤压筒直径 /mm	坯料温度 /℃	挤压速度 /(mm/s)	管材外径/内径	挤压比	应变速率 /s⁻¹
1#	120	1150	40	$\phi74/\phi43$	3.46	1.88151
2#	120	1200	40	$\phi70/\phi43$	4.11	2.14392
3#	120	1200	40	$\phi66/\phi43$	5.00	2.43961

6.5　模拟结果分析

采用有限元计算软件和元胞自动机（CA）模块相结合对高温合金管材挤压变形过程中组织演变规律进行数值模拟分析。在元胞自动机（CA）模块中，采用 330×440 的四边形空间，每个元胞尺寸为 $1\mu m$，所模拟的区域代表 $0.33mm\times0.44mm$ 的实际样品。邻居类型采用 Moore 邻居，如图 6.3 所示，黑色代表中心元胞，灰色代表其周围的邻居。边界条件设置为周期性边界条件。计算机数值模拟时的初始晶粒尺寸平均为 $50\mu m$。在数值模拟分析时，重点分析挤压管材壁厚方向上的外壁、中心、内壁三个位置的组织性能变化规律，如图 6.4 所示。P_1 在管壁的中部，P_2 在管壁的外壁，P_3 在管壁的内壁。

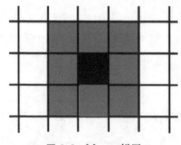

图 6.3　Moore 邻居

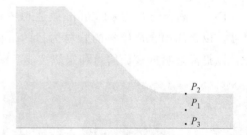

图 6.4　横截面上的分析点

(1) 变形温度对微观组织的影响

图 6.5 所示为挤压工艺参数相同条件下，不同变形温度时挤压管材外表面上的微观组织。表 6.4 为不同变形温度条件下挤压管材外表面晶粒尺寸。图 6.6 所示为挤压管材中间层的微观组织。分析可知，提高变形温度，管材的平均晶粒尺寸呈现增大的规律，当变形温度为 1100℃时，管材外表面平均晶粒尺寸为 $11.82\mu m$，而当变形温度为 1250℃时，管材外表面平均晶粒尺寸为 $16.72\mu m$。管材中间层平均晶粒尺寸大于外壁平均晶粒尺寸，在变形温度为 1200℃时，管材中间层的平均晶粒尺寸为 $26.17\mu m$，而管材外表面的平均晶粒尺寸为 $14.98\mu m$。表 6.5 为不同变形温度条件下挤压管材中间层晶粒尺寸。

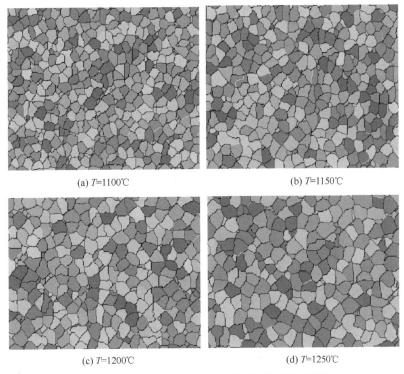

(a) T=1100℃

(b) T=1150℃

(c) T=1200℃

(d) T=1250℃

图 6.5　不同变形温度时挤压管材外表面微观组织

⊡ 表 6.4　不同变形温度时挤压管材外表面晶粒尺寸

变形温度/℃	1100	1150	1200	1250
平均晶粒尺寸/μm	11.82	13.48	14.98	16.72

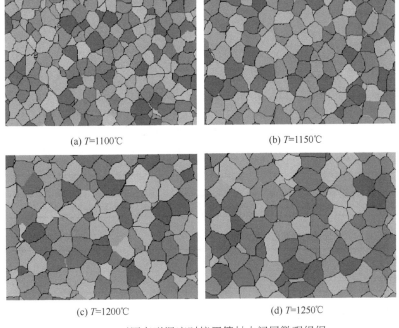

(a) T=1100℃

(b) T=1150℃

(c) T=1200℃

(d) T=1250℃

图 6.6　不同变形温度时挤压管材中间层微观组织

⊡ 表6.5　不同变形温度时挤压管材中间层晶粒尺寸

变形温度/℃	1100	1150	1200	1250
平均晶粒尺寸/μm	19.01	22.19	26.17	28.38

（2）挤压速度对微观组织的影响

图 6.7 所示为挤压工艺参数相同条件下，不同挤压速度时，挤压管材外表面的微观组织。图 6.8 为挤压管材中间层的微观组织。分析可知，提高挤压速度，管材平均晶粒尺寸呈现减小的规律。挤压速度超过 80mm/s 时，平均晶粒尺寸减小的速率减缓，当 $v=10mm/s$ 时，管材中间层的平均晶粒尺寸为 $28\mu m$。当 $v=80mm/s$ 时，管材中间层的平均晶粒尺寸为 $22.47\mu m$。当 $v=150mm/s$ 时，管材中间层的平均晶粒尺寸为 $20.31\mu m$。挤压管材外表面的平均晶粒尺寸小于管材中间层。表 6.6 为不同变形速度时挤压管材外表面晶粒尺寸，表 6.7 为不同变形速度时管材中间层晶粒尺寸。

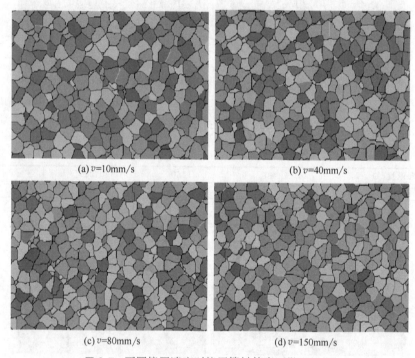

(a) $v=10mm/s$　　(b) $v=40mm/s$

(c) $v=80mm/s$　　(d) $v=150mm/s$

图 6.7　不同挤压速度时挤压管材外表面微观组织

⊡ 表6.6　不同变形速度时挤压管材外表面晶粒尺寸

变形速度/(mm/s)	10	40	80	150
平均晶粒尺寸/μm	17.47	15.62	14.98	14.53

⊡ 表6.7　不同变形速度时挤压管材中间层晶粒尺寸

变形速度/(mm/s)	10	40	80	150
平均晶粒尺寸/μm	28.05	26.17	22.47	20.31

（3）摩擦系数对微观组织的影响

图 6.9 为挤压工艺参数相同条件下，不同摩擦系数时挤压管材外表面的微观组织。图

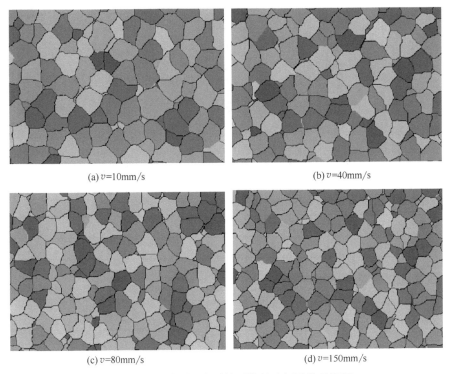

(a) v=10mm/s   (b) v=40mm/s

(c) v=80mm/s   (d) v=150mm/s

图 6.8 不同挤压速度时挤压管材中间层微观组织

6.10 为挤压管材中间层的微观组织。分析可知，增大摩擦系数，管材平均晶粒尺寸呈现增大的规律，当摩擦系数为 0.1 时，管材外表面平均晶粒尺寸为 $14.26\mu m$，当摩擦系数为 0.3 时，管材外表面平均晶粒尺寸为 $18.37\mu m$。在相同的摩擦系数时，管材外表面平均晶粒尺寸小于管材中间层，在摩擦系数为 0.1 时，管材外表面平均晶粒尺寸为 $14.26\mu m$，管材中间层平均晶粒尺寸为 $24.15\mu m$。表 6.8 为不同摩擦系数时挤压管材外表面晶粒尺寸，表 6.9 为不同摩擦系数时挤压管材中间层晶粒尺寸。

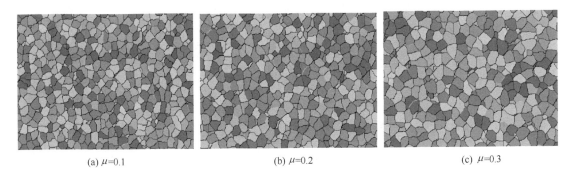

(a) μ=0.1   (b) μ=0.2   (c) μ=0.3

图 6.9 不同摩擦系数时挤压管材外表面微观组织

⊡ **表 6.8** 不同摩擦系数时挤压管材外表面晶粒尺寸

摩擦系数(μ)	0.1	0.2	0.3
平均晶粒尺寸/μm	14.26	16.30	18.37

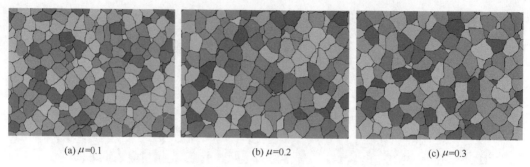

(a) μ=0.1   (b) μ=0.2   (c) μ=0.3

图 6.10 不同摩擦系数时挤压管材中间层微观组织

⊡ **表 6.9** 不同摩擦系数时挤压管材中间层晶粒尺寸

摩擦系数(μ)	0.1	0.2	0.3
平均晶粒尺寸/μm	24.15	28.51	28.82

（4）挤压比对微观组织的影响

图 6.11 为挤压工艺参数相同的条件下，不同挤压比时挤压管材外表面的微观组织。图 6.12 为管材中间层的微观组织。分析可知，增大挤压比，管材平均晶粒尺寸呈现减小的趋势，在 $G=3.46$ 的情况下，管材外表面晶粒尺寸为 $15.62\mu m$。当 $G=4.11$ 时，管材外表面晶粒尺寸为 $14.37\mu m$。当 $G=5.00$ 时，管材外表面晶粒尺寸为 $13.21\mu m$。这是因为挤压比越大，则变形量就越大，动态再结晶程度就越高。但随着挤压比的增大，变形产生的热就增加，晶粒尺寸减小的趋势就会减慢。在相同的挤压比时，管材外表面平均晶粒尺寸小于管材中间层。表 6.10 为不同挤压比时挤压管材外表面平均晶粒尺寸，表 6.11 为不同挤压比时挤压管材中间层晶粒尺寸。

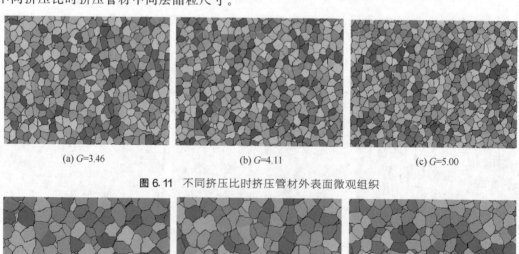

(a) G=3.46   (b) G=4.11   (c) G=5.00

图 6.11 不同挤压比时挤压管材外表面微观组织

(a) G=3.46   (b) G=4.11   (c) G=5.00

图 6.12 不同挤压比时挤压管材中间层微观组织

表 6.10　不同挤压比时挤压管材外表面晶粒尺寸

挤压比(G)	3.46	4.10	5.00
平均晶粒尺寸/μm	15.62	14.37	13.21

表 6.11　不同挤压比时挤压管材中间层晶粒尺寸

挤压比(G)	3.46	4.10	5.00
平均晶粒尺寸/μm	26.17	25.68	22.63

6.6　动态再结晶分析

图 6.13 为采用元胞自动机方法得到的初始晶粒，图中不同的颜色是为了区别不同的晶粒，也呈现不同的晶粒取向，初始晶粒尺寸为 50μm。图 6.14 为管材横截面动态再结晶体积分数分布云图，在管材横截面上发生了完全动态再结晶，动态再结晶体积分数达到 98%。

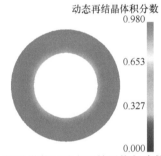

动态再结晶体积分数

0.980

0.653

0.327

0.000

图 6.13　采用元胞自动机方法得到的初始晶粒　　图 6.14　管材横截面动态再结晶体积分数分布云图

图 6.15 所示为高温合金挤压变形过程中动态再结晶的组织演变规律。随着变形过程的发展，在晶界处，经过新晶粒形核、产生、长大，逐渐覆盖了原来的粗大晶粒，最后实现了完全的动态再结晶过程，实现了晶粒细化、均匀化的目的。动态再结晶过程的机理：

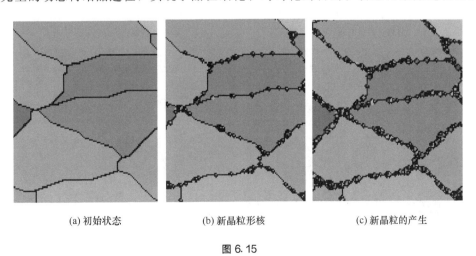

(a) 初始状态　　　　　　　　　　(b) 新晶粒形核　　　　　　　　　　(c) 新晶粒的产生

图 6.15

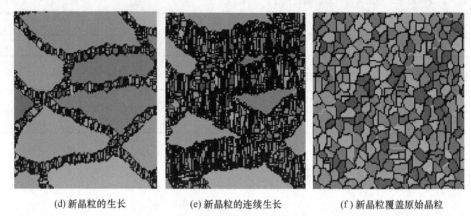

(d) 新晶粒的生长　　　　　　(e) 新晶粒的连续生长　　　　　　(f) 新晶粒覆盖原始晶粒

图 6.15　高温合金挤压变形动态再结晶过程

初始状态→新晶粒形核→新晶粒的产生→新晶粒的长大→新晶粒连续生长→新晶粒覆盖原始晶粒。

6.7　实验验证

对挤压管材的微观组织进行了测试和分析。图 6.16 为表 6.3 中的 1♯ 件挤压管材中间层的微观组织模拟结果和实验结果（$T=1150℃$，$v=40\text{mm/s}$，$G=3.46$）。表 6.12 为

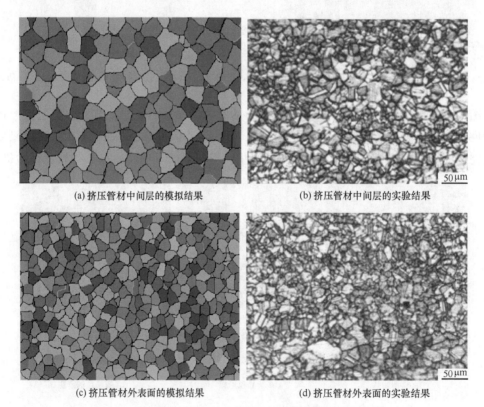

(a) 挤压管材中间层的模拟结果　　　　　　(b) 挤压管材中间层的实验结果

(c) 挤压管材外表面的模拟结果　　　　　　(d) 挤压管材外表面的实验结果

图 6.16　挤压管材（1♯ 件）的微观组织模拟结果与实验结果

晶粒尺寸的实验结果和模拟结果。分析可知，在变形温度1150℃、挤压速度40mm/s、挤压比3.46时，晶粒尺寸的实验结果和模拟结果相吻合，最大相对误差为11.28%。

▢ 表6.12　平均晶粒尺寸模拟结果与实验结果（T=1150℃，v=40mm/s，G=3.46）

项目	模拟值/μm	实验值/μm	相对误差/%
挤压管材中间层	22.19	19.94	11.28
挤压管材外表面	13.48	14.81	8.98

当挤压变形温度1200℃、挤压速度40mm/s、挤压比3.46时，对高温合金IN690挤压管材的微观组织数值模拟结果与实验结果进行了对比分析，如图6.17所示。结果发现，当挤压比为3.46时，管壁中间层的平均晶粒尺寸的数值模拟结果为26.82μm，其实验结果为23.08μm。当挤压比为3.46时，管壁外表面的平均晶粒尺寸的数值模拟结果为14.08μm，其实验结果为13.13μm。表6.13所示的平均晶粒尺寸的模拟结果与实验结果相吻合，最大相对误差为16.2%。

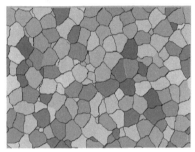
(a) 挤压管材中间层的模拟结果

(b) 挤压管材中间层的实验结果

(c) 挤压管材外表面的模拟结果

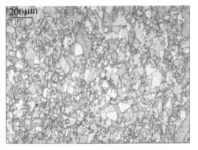
(d) 挤压管材外表面的实验结果

图6.17　挤压管材的微观组织（挤压速度40mm/s、挤压比3.46、变形温度1200℃）

▢ 表6.13　平均晶粒尺寸实验结果与模拟结果（T=1200℃，v=40mm/s，G=3.46）

项目	模拟值/μm	实验值/μm	相对误差/%
挤压管材中间层	26.82	23.08	16.2
挤压管材外表面	14.58	13.1	11.3

图6.18为表6.3中2♯件挤压管材微观组织的模拟结果与实验结果（$T=1200℃$，$v=40mm/s$，$G=4.11$）。表6.14为挤压管材晶粒尺寸的模拟结果与实验结果。分析可知，挤压管材晶粒尺寸的模拟结果与实验结果相吻合，最大相对误差为13.01%。

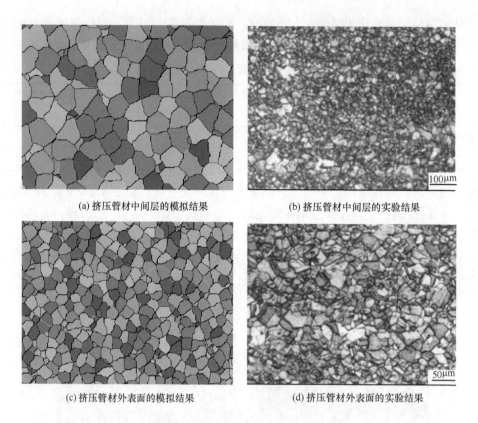

(a) 挤压管材中间层的模拟结果　　　　　　(b) 挤压管材中间层的实验结果

(c) 挤压管材外表面的模拟结果　　　　　　(d) 挤压管材外表面的实验结果

图 6.18　挤压管材（2♯件）微观组织模拟结果与实验结果

⊡ 表 6.14　平均晶粒尺寸模拟结果与实验结果（T= 1200℃，v= 40mm/s，G= 4.11）

项目	模拟值/μm	实验值/μm	相对误差/%
挤压管材中间层	25.68	27.35	6.11
挤压管材外表面	14.37	16.52	13.01

图 6.19 为表 6.3 中 3♯件挤压管材中间层的模拟结果与实验结果（$T=1200℃$，$v=40mm/s$，$G=5.00$）。表 6.15 为晶粒尺寸模拟结果与实验结果。分析可知，模拟结果与实验结果相吻合，最大相对误差为 9.61%。

⊡ 表 6.15　平均晶粒尺寸模拟结果与实验结果（T= 1200℃，v= 40mm/s，G= 5.00）

项目	模拟值/μm	实验值/μm	相对误差/%
挤压管材中间层	22.63	24.7	8.38
挤压管材外表面	14.21	15.72	9.61

分析表 6.12～表 6.15 数据可知，平均晶粒尺寸的模拟结果与实验结果相吻合，最大相对误差 13.01%。所以基于 CA 法对高温合金 IN690 管材成形过程中的微观组织所做的模拟具有一定的可靠性。

图 6.20 为不同挤压比时管壁中部的实验结果与模拟结果对比，实验结果与模拟结果相吻合，最大相对误差为 14.8%。

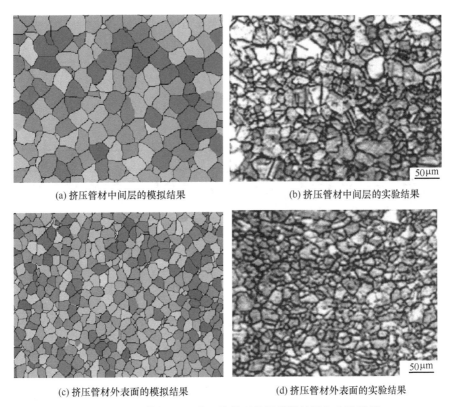

(a) 挤压管材中间层的模拟结果　　　　　　(b) 挤压管材中间层的实验结果

(c) 挤压管材外表面的模拟结果　　　　　　(d) 挤压管材外表面的实验结果

图 6.19　挤压管材（3♯件）的微观组织模拟结果与实验结果

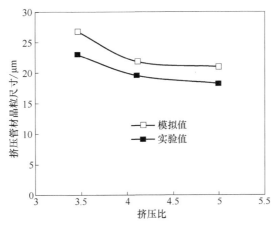

图 6.20　管壁中部晶粒尺寸实验结果与模拟结果对比

研究结果表明：①采用元胞自动机（CA）法对挤压管材微观组织进行了数值模拟，平均晶粒尺寸的模拟结果与实验结果相吻合，最大相对误差为 13.01%。②降低变形温度、提高挤压速度、减小摩擦系数、增大挤压比，有利于挤压管材晶粒细化和均匀化。③挤压管材中间层的平均晶粒尺寸大于管材外表面的平均晶粒尺寸。④在高温合金 IN690管材挤压变形过程中，提高变形温度、提高挤压速度、增大挤压比时，完全动态再结晶区域增大。

7

高温合金管材挤压技术应用

7.1 高温合金管材挤压技术

(1) 管材挤压变形特点

现代化装备需要重要精密管类部件，如飞行器发动机舱体、发动机用波纹管及导管等、船舰、核反应堆等应用了一些精密高温合金管件。这类管件要求高强高韧、耐高温、抗蠕变、抗疲劳、耐腐蚀及高损伤容限，通常应用高性能水平难成形材料（如钛合金、高温合金和超高强度钢、不锈钢），并要求更多地采用整体加工成形工艺，无缝管、避免焊接。因此，现代高技术工程对材料加工技术提出了更高的要求。

管材挤压加工技术具有很多优点，如降低原材料的消耗、零件的力学性能高、生产效率高、工件晶粒组织更加致密、降低生产成本等，对于一些形状复杂的对称零件，效果特别明显，可以获得较高的尺寸精度和表面光洁度。由于变形区金属的应力状态属于三向压缩应力状态，有利于提高被加工金属材料的塑性成形性能。挤压成形工艺可以改善金属管材的组织性能和力学性能，材料利用率和成品率高。热挤压时，由于毛坯加热到再结晶以上的温度，提高了金属塑性，降低了变形抗力。同时，热挤压也存在着一些尚待改进的缺点：对模具材料有一定的耐热性要求，而且在高温下进行加工，模具的使用寿命较短；对润滑的要求较高；成形件表面光洁度不高，降低了尺寸精度且表面的氧化现象比较严重；材料的利用率要比冷挤压低；热挤压的生产条件较恶劣等[69]。

管材热挤压具有结构简单、生产效率高、成本低和产品质量好等优点，挤压凹模寿命提高 2 倍以上，生产效率提高 200% 以上，成本降低 55% 以上，能满足镍基高温合金管材热挤压成形大批生产的需要[69]。

高温合金管材热挤压模具：挤压筒设置在挤压套内，并通过压板固定在底板上，凹模设置在挤压筒内的下端，并放置在底板上的凹槽内，底板通过螺栓固定在下模座上，挤压杆设置在玻璃垫、挤压坯料、石墨垫、挤压垫内，并固定在挤压轴上，挤压轴通过凸模固定座固定在上模座上。挤压工艺步骤是：①预热模具；②涂覆润滑剂；③加热坯料；④挤压成形；⑤退火；⑥清理挤压管坯。管材挤压成形工艺原理见图 7.1。

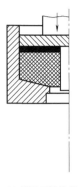 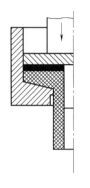 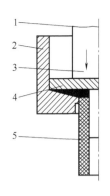

(a) 挤压开始阶段　　　　　　　(b) 挤压稳定阶段　　　　　　　(c) 挤压结束阶段

图 7.1　管材挤压成形工艺原理

1—挤压凸模；2—挤压筒；3—挤压垫；4—石墨垫；5—挤压管材

(2) 管材包套挤压技术

管材包套挤压技术就是在挤压坯料表面包覆一层塑性好的金属材料，在挤压变形过程中，挤压坯料与包覆材料一起产生挤压变形，挤压结束后再去除挤压管材外面的包覆材料。其优点是提高了挤压材料成形性能。包套的作用主要有：①减少摩擦力和挤压载荷。套子对坯料起润滑作用，使变形抗力大、塑性低的合金易于流动。②隔热。减少挤压前和挤压过程中因辐射和与模具接触造成的坯料热量损失，从而引起坯料表面温度急速冷却，如果变形温度低于挤压温度，则变形阻力大幅度增大；套子对合金起到保温作用，使变形温度范围窄的合金可延长变形时间。③避免坯料在空气中氧化或与模具材料发生化学反应，也可以避免坯料的毒性或放射性污染环境。④可防止由摩擦引起的脆性芯材的表面缺陷，并可隔绝非等温挤压中模具冷却对芯材的影响。⑤应力状态为三向压应力，有利于提高材料塑性，易于挤压变形；不足之处是在挤压后需要清除挤压管材的包套材料。

包套材料要满足如下条件：①包套材料与坯料在挤压过程中不能发生化学反应；②两种材料应有可比的韧性和流动应力；③包套清除后被挤坯料应有尽量好的表面光洁度；④包套材料的流动应力处于挤压坯料流动应力的 $1/3 \sim 1/2$ 较合适；⑤包套材料与挤压坯料变形时流动应力可比，其变形长度相近，挤压件表面质量较好。为使挤压工艺顺利进行，包套材料与芯材的延伸率相等，当包套材料具有较低的流动应力时，它的变形将超过芯材。

包套材采用 45 号碳钢、不锈钢以及玻璃套等塑性好或者润滑性能好的材料。在挤压实验工作中，包套材料分别采用了不锈钢钢板、碳素钢、玻璃布＋玻璃润滑剂、玻璃套等，润滑可以采用涂覆玻璃润滑剂、玻璃垫润滑、玻璃布＋水基玻璃润滑剂润滑等。高温合金（GH4169）管材包套挤压工艺参数见表 7.1。包套挤压坯料及模具见图 7.2。

▫ **表 7.1　高温合金（GH4169）管材包套挤压工艺参数**

变形温度/℃	模具预热温度/℃	挤压比	挤压速度/(mm/s)	润滑剂	包套材料	凹模形状
1140	380	6.1	10	玻璃	不锈钢	锥形模
1140	380	6.1	10	玻璃	45 号钢	锥形模
1140	380	6.1	10	玻璃	玻璃套	锥形模

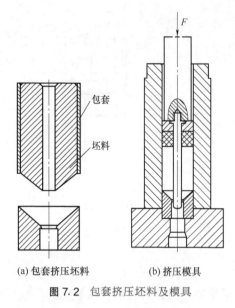

（a）包套挤压坯料   （b）挤压模具

图 7.2 包套挤压坯料及模具

包套式高温合金管材挤压方法包括以下挤压工序。①预热模具：模具预热温度 350～500℃。②涂覆润滑剂：将挤压坯料、挤压筒加热到 100～150℃，在加热坯料的表面涂覆玻璃粉状润滑剂，在加热挤压筒的内表面涂覆玻璃粉状润滑剂。③涂覆绝热层：将涂覆玻璃粉状润滑剂的挤压坯料表面涂覆二氧化硅纤维绝热层。④装入包套：在压力机上将涂覆有二氧化硅纤维绝热层的挤压坯料装入包套内。⑤加热挤压坯料：把装有包套的挤压坯料平放在罩式炉内，通入含氧量＜0.2％，露点为 -60℃的 N_2 保护气，密封后升温至 650～820℃后，再以升温速度＜30℃/h 加热至 1060～1150℃。⑥挤压成形：先将加热的碳素钢垫装在凹模的上面，再依次将外圆设有包套的挤压坯料、石墨垫、挤压垫装在挤压筒内，然后开始挤压，挤压速度为 60～100mm/s，最佳挤压速度为 72～95mm/s，挤压比为 4～8.5，坯料挤压温度为 1060～1150℃，最佳坯料挤压温度为 1080～1120℃。⑦退火：将热挤压成形的管坯放入冷水中冷却至室温，消除内表面晶粒分布不均匀的薄层。⑧清理挤压管坯：把挤压后的管坯内孔和外表面清理干净，有利于后续工序的冷轧成形。

（3）引导式管材包套热挤压技术

引导式管材包套挤压方法的基本原理是在挤压坯料的下端（立式挤压机）增加一块塑性好于高温合金等难变形材料的碳钢材料作为引导坯料，并将挤压坯料和引导坯料用普通碳钢或不锈钢套固定一起，经过加热后一起进行挤压成形，完成管材复合挤压加工，提高了挤压材料成形性能。

该方法的主要特征在于引导坯料对高温合金等难变形材料的流动具有引导作用。由于碳钢材料作为引导坯料具有较好的塑性，在挤压时容易变形，而高温合金等难变形材料在受力作用时开始沿着挤压针和挤压凹模限定的方向流动，同时高温合金挤压坯料与凹模不接触，中间存在一层变形后的引导坯料，因此有利于挤压坯料顺利通过凹模口处，有利于挤压坯料的合理流动，从而使挤压过程顺利完成。另外该方法还具有保温效果好等优点，引导坯料将挤压坯料与挤压凹模隔离，使挤压坯料的表面温降明显减轻，而引导坯料表面温降对成形影响不明显，同时，引导坯料还可以预热挤压凹模。此外，包套材料具有良好的塑性或良好的润滑效果，在挤压过程中，挤压坯料与挤压筒之间存在一层隔离物，如玻璃或不锈钢等，减缓了坯料表面温度的迅速降低，使坯料保持在良好的塑性温度范围内，易于成形。引导式管材包套挤压坯料及模具见图 7.3。

引导式管材挤压方法的优点是挤压凹模的寿命比非包套挤压时的寿命提高一倍以上；挤压管坯表面质量达到要求；与传统包套挤压相比挤压力降低 15％以上，降低能源消耗；减缓坯料表面温度的降低，提高了材料的塑性。与现采用的钻孔冷轧方法相比，材料可节约 10％以上，效率可提高 200％以上，成本降低 60％以上。

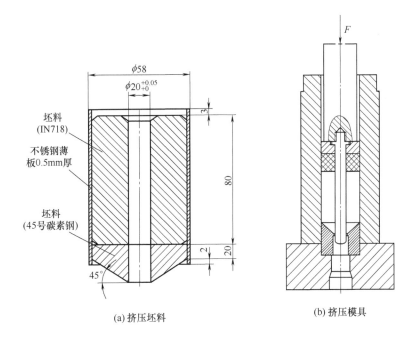

(a) 挤压坯料   (b) 挤压模具

图7.3　引导式管材包套挤压坯料及模具

(4) 凹模自耗式润滑热挤压技术

凹模自耗式润滑热挤压技术就是在高温合金管材挤压工艺中，在挤压凹模上面增加一个玻璃垫，在高温挤压变形过程中，玻璃垫熔化后起到润滑剂作用，与挤压管材一起被挤出凹模。其优点是通过改变凹模结构及润滑方式实现高强度材料管材挤压成形，提高了挤压过程润滑效应，提高产品质量和生产率，降低成本。

其主要特征是在挤压过程中采用平凹模和自耗式凹模的组合凹模，即采用凹模自耗式润滑方法。在挤压时，自耗式凹模不断消耗并在挤压管坯表面上附着一层玻璃薄膜，直到挤压结束，从而提高了管材表面质量。在挤压过程中，高温合金挤压坯料与凹模不接触，中间隔离自耗式凹模。在挤压凹模口处，挤压坯料与平凹模之间存在一层薄层，因此有利于挤压坯料顺利通过凹模口处，有利于挤压坯料的合理流动，从而使挤压过程顺利完成。另外该方法还具有保温效果好等优点，自耗式凹模坯料将挤压坯料与挤压凹模隔离，使挤压坯料的表面温降明显减轻，使坯料保持在良好的塑性温度范围内，易于成形。凹模自耗式润滑热挤压模具见图7.4。

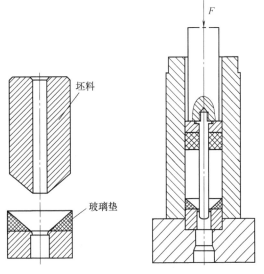

图7.4　凹模自耗式润滑热挤压模具

凹模自耗式润滑热挤压技术工作原理：采用凹模和玻璃垫组合模具，凹模的工作表面为圆锥形，采用玻璃垫润滑时，管材热挤压成形时材料流动性好，玻璃垫润滑均匀。在挤压过程中，玻璃垫不断消耗，并在挤压坯料表面上附着一层玻璃薄膜，从而提高了管材表面质量；挤压坯料与凹模表面不接触，中间由玻璃垫相隔离，保温效果好，能使挤压坯料保持在最佳的塑性变形温度范围内，成形效果好；在挤压凹模出口处，挤压成形管坯与凹模之间也附着一层玻璃薄层，挤压坯料流动性合理，挤压力低，使挤压坯料顺利完成挤压成形过程。

凹模自耗式润滑挤压方法挤压凹模的寿命比锥形金属凹模的寿命提高一倍以上；挤压管坯表面质量达到要求；与传统锥形金属凹模挤压相比挤压力降低 20％ 以上，降低能源消耗；减缓坯料表面温度的降低，提高了材料的塑性。与现采用的钻孔冷轧方法相比，材料可节约 10％ 以上，效率可提高 100％ 以上，成本降低 50％ 以上。

7.2 $\phi 34 \times 4$ 高温合金 IN718 管材挤压加工

(1) 材料成分

高温合金材料具有高温下抗氧化、抗腐蚀和抗压性能好等优点，尤其是镍基高温合金管材，使用温度高达 700℃ 以上。目前高温合金管材加工是将坯料经过钻孔，然后经过多次冷轧后加工成所需产品，存在生产率极低、材料浪费严重等问题。如果采用钻孔＋冷轧方法，则存在生产率低、材料浪费大等问题。因此，在挤压过程中如何降低摩擦力、减少挤压时温度降低、提高塑性变形性能、改进模具结构和选择管材热挤压成形工艺参数是急需解决的主要技术问题。

镍基高温合金管材在加工成形时，目前还存在一些技术问题。由于材料强度高、流动性差，因此在热挤压加工管材时，必须合理设计挤压模具和挤压工艺参数。在高温合金管材挤压加工时，必须采用专用玻璃润滑剂，以提高材料流动性，降低挤压力能参数，提高模具寿命，提高产品质量。

高温合金 IN718 的组织成分见表 7.2。

▫ 表 7.2 高温合金（IN718）材料成分

元素	C	Si	Mn	Cu	Cr	Ni	Mo	Al	Ti	Nb+Ta	Fe
含量/%	≤0.10	≤0.75	≤0.50	≤0.75	17.0～21.0	50.0～55.0	2.8～3.3	0.20～1.0	0.3～1.3	4.5～5.75	其余

(2) 高温合金挤压模具研制

如图 7.5 所示，高温合金管材热挤压模具包括上模座 1、凸模固定座 2、挤压轴 3、挤压筒 4、挤压垫 5、石墨垫 6、挤压坯料 7、挤压杆 8、玻璃垫 9、凹模 10、底板 11、下模座 12、压板 13、挤压套 14。挤压筒 4 设置在挤压套 14 内，并通过压板 13 用螺钉固定在底板 11 上，凹模 10 设置在挤压筒 4 内的下端，并放置在底板 11 上的凹槽内，底板 11 通过螺栓固定在下模座 12 上，在凹模 10 的上面再放上加热的玻璃垫 9，再装上加热的挤压坯料 7，然后放上石墨垫 6 和挤压垫 5，挤压杆 8 安装在玻璃垫 9、挤压坯料 7、石墨垫 6、挤压垫 5 的孔内，并固定在挤压轴 3 上，挤压轴 3 通过凸模固定座 2 固定在上模座 1

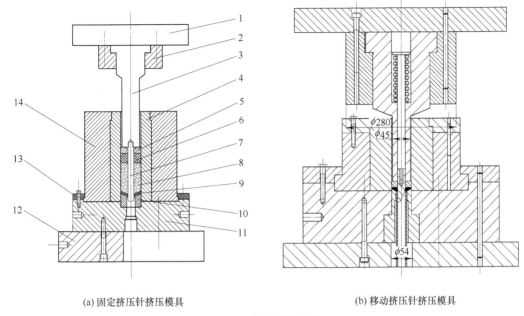

(a) 固定挤压针挤压模具　　　　　　　　(b) 移动挤压针挤压模具

图 7.5　挤压模具结构

上。挤压时，挤压机的挤压头向下运动，使上模座 1、挤压轴 3、挤压垫 5、石墨垫 6 在挤压筒 4 内挤压坯料 7，完成挤压成形过程。

(3) 高温合金管材热挤压成形工序

高温合金管材热挤压成形技术包括以下工序。①预热模具：模具预热温度为 350～580℃。②涂覆润滑剂：将挤压坯料、挤压筒加热到 100～150℃，在加热坯料的表面涂覆玻璃粉状润滑剂；在挤压筒的内表面涂覆玻璃粉状润滑剂。③加热挤压坯料：把涂覆玻璃粉状润滑剂的挤压坯料平放在罩式炉内，通入含氧量＜0.2％，露点为 −60℃ 的 N_2 保护气，密封后升温至 680～860℃，再以升温速度＜30℃/h 加热至 1050～1160℃。④挤压成形：先将加热的玻璃垫装在凹模的上面，再依次将挤压坯料、石墨垫、挤压垫装在挤压筒内，然后开始挤压，挤压速度为 60～100mm/s，最佳挤压速度为 75～92mm/s，挤压比为 4.5～13.5，坯料挤压温度为 1050～1160℃，最佳坯料挤压温度为 1080～1140℃。⑤退火：将热挤压成形的管坯放入冷水中冷却至室温，消除内表面晶粒分布不均匀的薄层。⑥清理挤压管坯：把挤压后的管坯内表面和外表面清理干净，有利于提高后续工序冷轧时的表面质量。

高温合金管材精密加工工序：对挤压管坯清理氧化皮、喷砂、内孔精磨、外表面抛光、多次冷轧、成品探伤、力学性能检测等。

采用高温合金管材挤压专用润滑剂具有良好的润滑和保温作用，使挤压过程顺利成形；经过实验检验，采用高温合金管材挤压专用润滑剂时挤压凹模的寿命比采用其他润滑剂时寿命提高一倍以上；与其他润滑剂相比挤压力降低 20％ 以上，降低能源消耗；减缓坯料表面温度的降低，提高了材料的塑性。与现采用的钻孔冷轧方法相比，材料可节约 10％ 以上，效率可提高 100％ 以上，成本降低 40％ 以上。

（4）管材挤压变形工艺参数

高温合金 GH4169 挤压工艺参数的一般范围见表 7.3。根据实际生产设备条件，制定了详细的管材挤压工艺参数，如坯料温度、模具预热温度、润滑剂、挤压速度、挤压比等，见表 7.4。高温合金 GH4169 挤压坯料外径 85mm，内径 26mm，高度 $L = 150 \sim 250mm$，挤压管材外径 34mm，内径 26mm。

⊡ **表 7.3 高温合金 GH4169 挤压工艺参数范围**

变形温度/℃	模具预热温度/℃	挤压比	挤压速度/(mm/s)	坯料尺寸/mm	润滑剂	凹模
1080～1120	350～500	4～14	60	$\phi 85$	玻璃	锥形凹模

⊡ **表 7.4 高温合金 GH4169 管材挤压工艺参数制定**

变形温度/℃	模具预热温度/℃	挤压比	挤压速度/(mm/s)	坯料尺寸/mm	润滑剂
1120	350	4.0	60	$\phi 85$	专用润滑剂
1120	400	6.1	80	$\phi 75$	专用润滑剂
1120	450	8.0	100	$\phi 60$	专用润滑剂

（5）高温合金管材挤压力能参数及组织性能

挤压加工出的管材见图 7.6，表面质量达到要求。

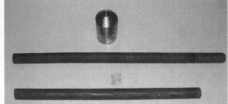

图 7.6 高温合金 GH4169 挤压管材

图 7.7 为高温合金 GH4169 管材挤压变形力实验曲线，分析可知，随着挤压行程的进

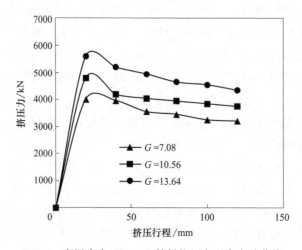

图 7.7 高温合金 GH4169 管材挤压变形力实验曲线

行，挤压力随之增大到峰值后开始缓慢降低，然后趋于稳定阶段，直到挤压行程结束。此外，随着挤压比的增大，挤压力随之增大。图7.8为挤压力与变形工艺参数关系，图7.8（a）为挤压力峰值与挤压比的关系，图7.8（b）为挤压力与变形温度的关系。分析可知，挤压力实际值与模拟结果相吻合，最大相对误差为15.2%。

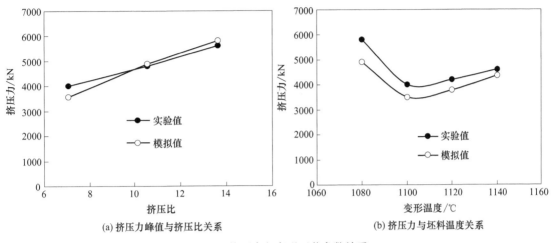

(a) 挤压力峰值与挤压比关系   (b) 挤压力与坯料温度关系

图7.8 挤压力与变形工艺参数关系

图7.9为高温合金GH4169管材挤压前后的微观组织状态。可以看出，挤压后的晶粒得到明显细化，而且分布均匀。结果表明，随着变形程度的增大和变形温度的降低，晶粒

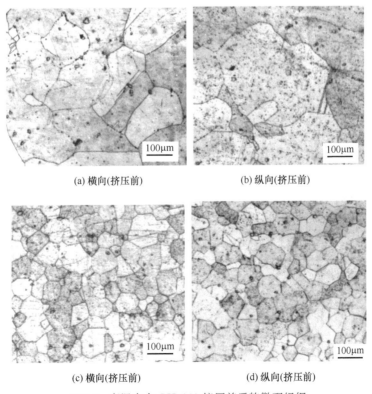

(a) 横向(挤压前)   (b) 纵向(挤压前)

(c) 横向(挤压前)   (d) 纵向(挤压前)

图7.9 高温合金GH4169挤压前后的微观组织

尺寸随之减小，分布也更加均匀，对于提高挤压管材的组织性能和力学性能具有重要作用。

研究结果表明：①高温合金管材挤压成形时，坯料温度及模具预热温度必须控制在合适的范围内，必须采用合理的润滑剂，坯料温度在 $1080\sim1120℃$，模具预热温度 $350\sim500℃$；②挤压管材微观组织状态与挤压前微观组织状态相比，晶粒得到细化，分布更加均匀；③采用挤压法制备管坯可以提高材料利用率 20％以上，生产效率提高 2 倍以上，管材质量满足要求。

7.3　$\phi36\times7$ 高温合金 GH1140 管材挤压加工

（1）材料性能及挤压工艺参数

GH1140 高温合金是在高温下能承受一定压力并具有抗氧化和抗腐蚀能力的合金。GH1140 的使用温度在 $550\sim1000℃$，用于制造航空、航天、燃气轮机及其他工业用的一般承力部件（涡轮叶片除外）和锻件毛坯零件，以及航空导管及其他航空零件用的各种无缝管等。其在低温和 700℃ 以下具有高的屈服强度、拉伸强度和持久强度，在 $650\sim760℃$ 具有良好的塑性。

GH1140 材料成分见表 7.5。高温合金 GH1140 在室温下力学性能为抗拉强度 650MPa、伸长率 35％。

⊡ 表 7.5　高温合金（GH1140）材料成分

元素	C	Cr	Ni	W	Mo	Al	Ti	Fe
含量/％	≤0.10	20.0～23.0	35.0～40.0	1.4～1.8	2.0～2.5	0.20～0.6	0.7～1.2	余量
元素	Nb	Ce	Mn	Si	P	S	Cu	
含量/％	0.7～1.3	≤0.05	≤0.7	≤0.8	≤0.025	≤0.015	≤0.25	

（2）挤压工艺参数

挤压设备采用 6000kN 立式挤压机。挤压坯料外径 $D_0=85mm$，内径 $D_i=22mm$，高度 $L=200mm$。挤压管材外径 $\phi36mm$、内径 $\phi22mm$、壁厚 7mm。确定了高温合金 GH1140 管材挤压时的工艺参数，即挤压加工时变形温度、模具预热温度、润滑剂、挤压速度、挤压比等工艺参数，见表 7.6。

⊡ 表 7.6　GH1140 挤压工艺参数

变形温度/℃	模具预热温度/℃	挤压比	挤压速度/(mm/s)	润滑剂	凹模
1100～1150	350～500	8.3	60	玻璃	锥形模

在挤压成形前，材料热处理制度：坯料预热至 800℃、保温 40min，然后加热坯料至 1130℃、保温 1h，采用玻璃润滑剂对坯料和模具进行润滑，挤压比为 8.3。高温合金 GH1140 挤压管材如图 7.10 所示，挤压出的管材无裂纹，表面质量很好。图 7.11 为高温合金 GH1140 挤压管材变形力测试曲线。

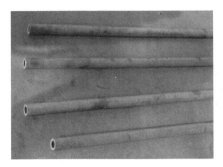
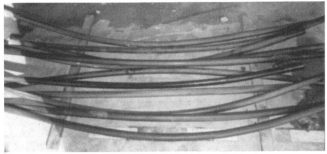

图 7.10　高温合金 GH1140 挤压管材

（3）微观组织性能分析

高温合金 GH1140 挤压管材的微观组织如图 7.12 所示。挤压管材的微观组织性能得到明显改善。高温合金 GH1140 管材挤压成形时必须严格控制坯料温度、模具预热温度、润滑剂、挤压速度、挤压比等工艺技术参数；坯料温度 110～1160℃，模具预热温度 200～250℃。挤压后组织状态与挤压前相比，明显得到改善。GH1140 热挤压已实现小批量生产。

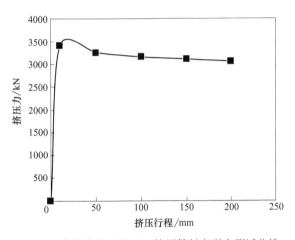

图 7.11　高温合金 GH1140 挤压管材变形力测试曲线

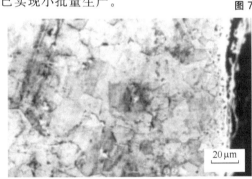

(a) 轧制 ϕ10mm管材挤压组织(外表面)

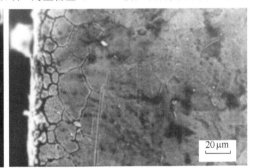

(b) 轧制 ϕ10mm管材挤压组织(内表面)

(c) 轧制 ϕ10mm管材挤压组织横向(中间)

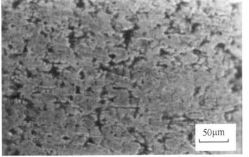

(d) 轧制 ϕ10mm管材挤压组织横向(中间)

图 7.12

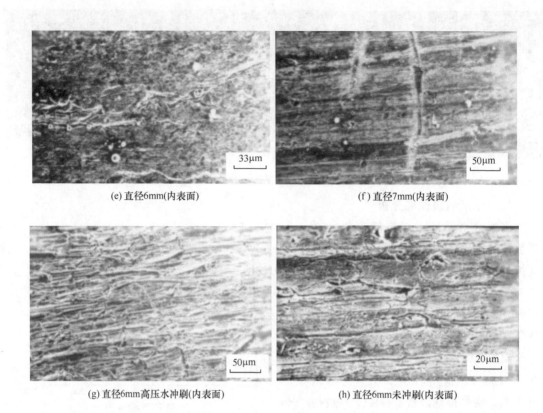

(e) 直径6mm(内表面) (f) 直径7mm(内表面)

(g) 直径6mm高压水冲刷(内表面) (h) 直径6mm未冲刷(内表面)

图 7.12 GH1140 挤压管材微观组织

7.4 多规格 IN690 高温合金管材挤压加工

7.4.1 挤压工艺参数

高温合金 IN690 材料为 ϕ120mm 的锻造态棒材，经过 1100℃ 和 150min 的固溶处理后，去除氧化皮，加工成如图 7.13（a）所示的空心挤压坯料，图 7.13（b）为挤压凹模，图 7.13（c）为挤压管材。表 7.7 为挤压坯料尺寸。

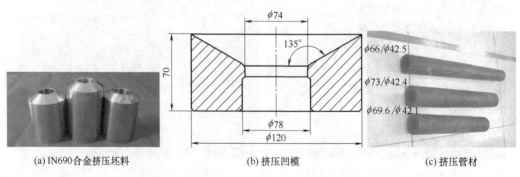

(a) IN690合金挤压坯料 (b) 挤压凹模 (c) 挤压管材

图 7.13 高温合金 IN690 挤压坯料及挤压凹模

表 7.7 IN690 合金挤压坯料尺寸

编号	外径/mm	内径/mm	高度/mm
1#	116.3	44.8	184
2#	116.2	45.0	153
3#	116.3	44.7	151

模具预热温度见表 7.8，坯料在电阻炉中加热到预热温度，挤压设备为 16.3MN 卧式挤压机，挤压工艺参数见表 7.9。为减少坯料与模具之间的摩擦力，防止粘模造成管材表面划伤和开裂，获得质量较好的管材，采用玻璃润滑剂对模腔和坯料表面进行喷涂润滑。

⊡ 表 7.8 挤压筒、挤压凹模、挤压针和挤压垫的预热温度

项目	挤压筒	挤压凹模	挤压针	挤压垫
预热温度/℃	350	350	<350	700

⊡ 表 7.9 挤压工艺参数

编号	挤压筒直径/mm	坯料温度/℃	挤压速度/(mm/s)	管材外径/内径	挤压比	应变速率/s⁻¹
1#	120	1150	40	$\phi 74/\phi 43$	3.46	1.88151
2#	120	1200	40	$\phi 70/\phi 43$	4.11	2.14392
3#	120	1200	40	$\phi 66/\phi 43$	5.00	2.43961

7.4.2 挤压管材的组织性能

(1) 工艺参数对挤压管材微观组织的影响

在挤压温度 1150℃、挤压速度 40mm/s、挤压比 3.46 时，1# 件挤压管材头部和尾部组织分别如图 7.14 和图 7.15 所示。观察头部组织可以看出，是由较大原始晶粒和细小的动态再结晶组织晶粒组成。比较管材的外壁、中心和内壁组织，明显看到内壁组织原始晶粒较多，再结晶晶粒较少。外壁晶粒较小，大部分区域都发生了完全再结晶。由内到外可以看出，再结晶体积分数在逐渐增大。尾部组织较头部组织均匀，但也可以看出内壁依然存在着原始晶粒和再结晶晶粒混杂的现象，这是由于内壁与挤压垫接触时间长，导致温降较大。

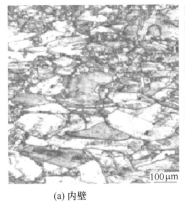 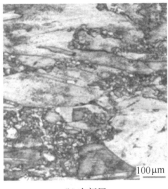 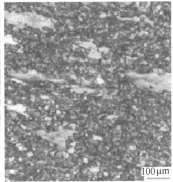

| (a) 内壁 | (b) 中间层 | (c) 外壁 |

图 7.14 1# 件挤压管材头部壁厚方向上微观组织

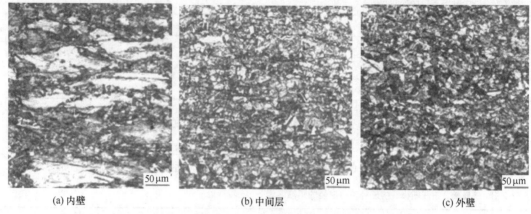

(a) 内壁	(b) 中间层	(c) 外壁

图 7.15 1♯件挤压管材尾部壁厚方向上微观组织

(2) 变形温度对挤压管材中段微观组织的影响

图 7.16 为 1♯件挤压管材的微观组织，可以看出，在变形温度 1150℃条件下，变形组织更为细小，较好完成了动态再结晶。而 1200℃ 时，由于变形热的产生，促使温度升得更高，导致晶粒发生一定程度的长大。通过分析可以看出，变形温度为 1150℃ 时晶粒分布不均匀，只是局部发生了完全再结晶。可以看出，变形温度对动态再结晶具有很大影响。

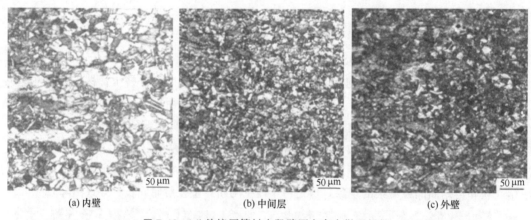

(a) 内壁	(b) 中间层	(c) 外壁

图 7.16 1♯件挤压管材中段壁厚方向上微观组织

在高温合金 IN690 挤压管材的头部，沿壁厚方向按内壁、中间层、外壁区域的顺序，其动态再结晶体积分数逐渐减小。这是由于挤压变形中只有部分金属参与变形，因而坯料头部的变形程度较小；另外由于挤压坯料与温度较低，挤压模具和挤压针相接触使其温度降低很快，从而导致挤压管材的头部发生再结晶的程度较小。

在管材中段处，由于在挤压变形时处于稳定变形阶段，其变形程度均匀，但在管材内壁处，由于与温度较低的挤压针接触，在靠近挤压针坯料的内表面存在较大的温降，从而导致管材内壁部只发生了部分再结晶，而其他区域均已发生了完全动态再结晶，获得了晶粒细小的再结晶组织。

IN690 高温合金挤压管材的尾部，由于挤压坯料与挤压针、挤压筒和挤压垫较长时间的接触，其温度降低更大，从而导致管材距离内壁小于 2～3mm 部分区域只发生了部分再结晶，而其他区域动态再结晶均已完成。

（3）挤压管材不同位置的微观组织

在挤压温度 1200℃、挤压速度 40mm/s、挤压比 4.11 时，2♯件挤压管材的中段位置微观组织如图 7.17 所示。可以看出，当挤压比较小时，挤压管材的晶粒尺寸明显增大，而管材的动态再结晶体积分数减小。这是因为当挤压比较小时，坯料的变形量小，变形热小，所以再结晶的体积分数减小，而晶粒尺寸粗大。

| (a) 内壁 | (b) 中间层 | (c) 外壁 |

图 7.17　2♯件挤压管材微观组织

在挤压温度 1200℃、挤压速度 40mm/s、挤压比 5.00 时，3♯件挤压管材的中段和头部不同位置的微观组织如图 7.18 和图 7.19 所示。可以看出，管材头部和中段微观组织差别很大，管材中段位置基本上发生完全动态再结晶，而挤压管材的头部的动态再结晶体积分数较小，且晶粒尺寸比中段要大。其原因是管材头部的温度下降得快。

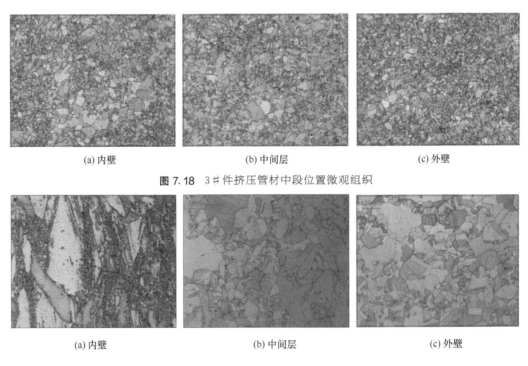

| (a) 内壁 | (b) 中间层 | (c) 外壁 |

图 7.18　3♯件挤压管材中段位置微观组织

| (a) 内壁 | (b) 中间层 | (c) 外壁 |

图 7.19　3♯件挤压管材头部组织

可以看出，同一截面不同位置的微观组织也有差异。挤压管材外壁的晶粒最小，中间晶粒最大，这与温度场的分布有关，管材中心部位的温度最高。

研究结果表明：①IN690 高温合金管材热挤压工艺参数为坯料预热温度 1150～1200℃、挤压速度 40mm/s、挤压比 3.46～5，成功挤压出三种规格高温合金 IN690 管材。②高温合金 IN690 挤压管材的微观组织晶粒细小，而且分布均匀。沿壁厚方向按内壁、中间层、外壁区域的顺序，动态再结晶体积分数逐渐增大，在管材中段处，发生了完全动态再结晶，获得了晶粒细小的动态再结晶组织。③挤压温度和挤压比对 IN690 高温合金管材的挤压力和挤压组织均有显著影响。挤压力随挤压比的增大而增大，随着挤压温度的降低而显著升高。管材挤压组织随着挤压温度的升高，其再结晶体积分数和再结晶晶粒尺寸增大；管材挤压组织随着挤压比的增大，其再结晶体积分数增大，再结晶晶粒尺寸减小。

7.4.3 挤压管材的力学性能

在 16.3MN 挤压机上对高温合金 IN690 进行管材挤压加工，挤压后得到的 IN690 合金挤压管材和挤压力测试曲线如图 7.20 所示，挤压实验结果见表 7.10。通过 2♯件和 3♯件挤压管材的数据对比可以看出，挤压力随着挤压比的增大而增大，当挤压比由 4.11 增加到 5.00 时，挤压力由 5800kN 增加到 6120kN。变形温度对 IN690 合金挤压力的影响显著，随着挤压坯料温度降低，挤压力明显升高。

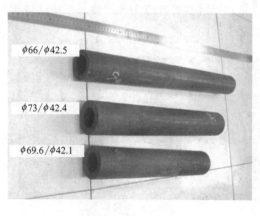

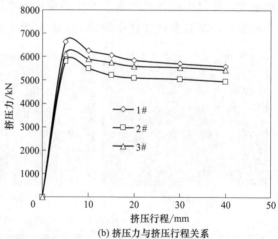

(a) 高温合金IN690挤压管材　　　　　(b) 挤压力与挤压行程关系

图 7.20　高温合金 IN690 挤压管材及挤压力曲线

表 7.10　IN690 合金挤压实验结果

编号	管坯(外径/内径/高度)/mm	模孔尺寸/mm	管坯预热温度/℃	挤压速度/(mm/s)	挤压比	管材尺寸(外径/内径)/mm	挤压力/kN
1	ϕ116.3/ϕ44.8/184	74	1150	40	3.46	ϕ73/ϕ42.4	6630
2	ϕ116.2/ϕ45/153	70	1200	40	4.11	ϕ69.6/ϕ42.1	5800
3	ϕ116.3/ϕ44.7/151	66	1200	40	5.00	ϕ66/ϕ42.5	6120

7.4.4 挤压管材的织构演变规律

(1) 晶粒取向分析

对于 IN690 合金面心立方低层错金属材料，孪生变形作为其塑性变形的一种重要形式，在挤压变形之后会产生大量的孪晶。图 7.21 所示为挤压比 5.00，挤压温度 1200℃时管材晶粒取向图。可以看出，挤压成形后有大量的孪晶产生。而面心立方晶体孪生晶面是 {111}，孪晶与母体晶粒有着＜111＞/60°的取向差关系，这是导致图 7.21（b）晶粒取向差角约为 60°所占比例最大的原因。根据周邦新等人研究的 IN690 合金中晶界特征分布（表 7.11 所示），可以看出，对于 IN690 合金 60°附近的取向差角对应的正是 $\Sigma3$（重合度为 3）重位点阵晶界。较低的 ΣCSL 具有更好的抗晶界偏聚性，更好的晶界抗腐蚀能力和抗蠕变性能，以及抗开裂性能。IN690 合金优于 IN600、IN800 的原因就在于其变形后产生特殊的重位点阵晶界。

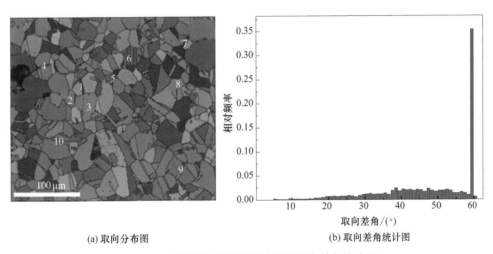

(a) 取向分布图　　　　　　　　　(b) 取向差角统计图

图 7.21 3♯件挤压管材取向分布及取向差角统计图

⊡ **表 7.11 不同取向差角时对应的重位点阵类型**

取向差	59.7° [1 1 1]	59.4° [1 −1 1]	59.1° [1 1 −1]	38.1° [1 1 0]	31.9° [0 1 1]	31° [0 1 −1]
最接近 CSL	$\Sigma3$	$\Sigma3$	$\Sigma3$	$\Sigma27a$	$\Sigma27a$	$\Sigma9$

(2) 挤压工艺参数对管材织构的影响

研究结果表明，织构对管材力学性能的影响很大，沿着织构方向抗拉强度和屈服强度都会增强；但塑性变形能力会降低，不利于后续的管材弯曲成形。因而消弱织构，会使管材的各向异性提高，从而改善管材的塑性变形能力。图 7.22 为管材挤压前后织构的变化极图。由图可知在 (001) 晶面上原始锻态的织构较为明显，织构的最大密度达到了 8.0，随着挤压的进行织构密度发生减弱，如图 7.22（b）所示，织构密度值减弱到 1.0～2.0，织构弱化明显。这是由于：一方面，面心立方体有对称的结构，挤压变形中晶粒转动方向具有随机性，当受到严重的剪切变形时有的晶粒被扭曲，甚至被破碎，使得织构被减弱；另一方面，动态再结晶使得晶粒细化，晶界增多，使得晶体内滑移变形的相对体积分数减小，不利于择优取向的形成和发展。所以挤压后管材晶粒织构分散。

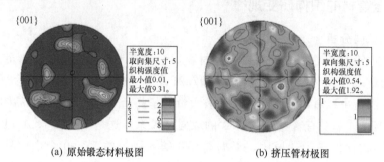

(a) 原始锻态材料极图　　　　　　(b) 挤压管材极图

图 7.22　挤压管材极图

图 7.23 为不同挤压工艺参数条件下的极图，可以看出，动态再结晶和较大剪切变形的影响，使得图 7.23（c）的织构分布最分散，织构密度最小，挤压管材的塑性最好，有利于后续加工变形工序实现。

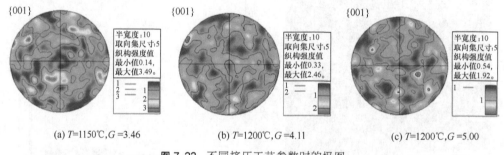

(a) $T=1150℃,G=3.46$　　(b) $T=1200℃,G=4.11$　　(c) $T=1200℃,G=5.00$

图 7.23　不同挤压工艺参数时的极图

7.4.5　挤压工艺参数对 $\Sigma 3$ 晶界量的影响

图 7.24 为不同挤压参数下管材的晶粒取向差角分布统计。可以看出，随着挤压比和温度的升高，60°的大角晶界所占的比例越来越高，从 13.3％增加到 35.4％。也就是 $\Sigma 3$ 重位点阵晶界含量越来越高，说明升高温度和增大挤压比有利于 $\Sigma 3$ 重位点阵孪晶的产生。晶界工程的目的在于大幅度增加特殊晶界比例，来改善多晶材料的性能，提高材料的抗晶间腐蚀能力。改变挤压工艺参数进而增加低 $\Sigma 3$ 重位点阵晶界的含量，提高管材的抗腐蚀性能，从而为优化管材挤压的工艺参数提供依据。通过对图 7.25 的分析可知，在挤压温度为 1200℃，挤压比为 5.00 时 60°晶界所占的比例最多，说明低重位点阵晶界的含量分布最广，所以管材的性能最好。

研究结果表明：①随着挤压温度的升高，挤压力随之减小；随着挤压比的增大，挤压力随之增大。②随着挤压温度的升高和挤压比的减小，挤压管材晶粒尺寸粗大；在挤压管材壁厚方向上的温度分布不均匀，会导致晶粒尺寸不均匀，挤压管材内部和外部晶粒尺寸比中间位置细小。③对于高温合金挤压管材，由于孪晶与母体晶粒有着＜111＞/60°的取向差关系，导致 IN690 合金挤压变形后存在较多的 60°的大角晶界，高温合金 IN690 晶界以 $\Sigma 3$ 重位点阵为主体。④通过比较不同挤压参数对重点阵晶界比例和织构的影响规律，

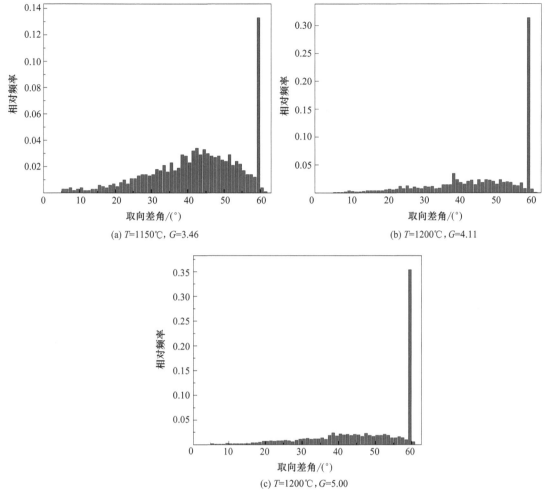

(a) T=1150℃，G=3.46

(b) T=1200℃，G=4.11

(c) T=1200℃，G=5.00

图 7.24 不同工艺参数时晶粒取向差角分布统计

得到合适管材挤压工艺参数，即变形温度 1200℃、挤压比 5.00，挤压管材具有较好的组织性能和力学性能。

7.5 高温合金管材挤压力计算模型

(1) 物理模型

在进行管材挤压工艺模具设计时，需要准确计算挤压变形力参数，以保证模具结构合理及模具材料的选择。采用主应力法来确定管材挤压变形时挤压力的理论计算公式。

假设变形区为球形速度场，变形力计算模型如图 7.25 所示，变形力包括以下几部分：变形区塑性变形力；变形区金属与挤压套之间的摩擦力；变形区金属与挤压针之间的摩擦力；变形区金属与挤压套之间的正压力；未变形区（待变形区）金属与挤压套之间的摩擦力，如果润滑效果好此部分摩擦力可以忽略。微元体在 x 方向上受力平衡。

球形速度场正压力 σ_r 在 x 方向上的分量 P_{x1}：

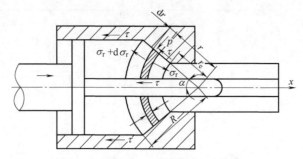

图 7.25 管材挤压工艺变形力计算模型

$$P_{x1}=-(\sigma_r+\mathrm{d}\sigma_r)\pi[(r+\mathrm{d}r)\sin\alpha]^2+\sigma_r\pi(r\sin\alpha)^2 \tag{7.1}$$

变形区金属与挤压套之间正压力在 x 方向上的分量 P_{x2}：

$$P_{x2}=-2\pi r\,\mathrm{d}r\,p\sin^2\alpha \tag{7.2}$$

变形区金属与挤压套之间（摩擦系数 μ_1）摩擦力在 x 方向上的分量 P_{x3}：

$$P_{x3}=-2\pi r\,\mathrm{d}r\mu_1 p\sin\alpha\cos\alpha \tag{7.3}$$

变形区金属与挤压针之间（摩擦系数 μ_2）摩擦力在 x 方向上的分量 P_{x4}：

$$P_{x4}=-2\pi r\,\mathrm{d}r\mu_2 p\sin\alpha \tag{7.4}$$

根据静力平衡理论，得到在 x 方向上受力平衡：

$$P_{x1}+P_{x2}+P_{x3}+P_{x4}=0 \tag{7.5}$$

根据塑性条件：$\sigma_r+p=S$，将式（7.1）～式（7.4）代入式（7.5），并整理得：

$$\frac{\mathrm{d}\sigma_r}{(2k_1-2)\sigma_r-2k_1 S}=\frac{\mathrm{d}r}{r} \tag{7.6}$$

式中，$k_1=1+\mu_1/\tan\alpha+\mu_2/\sin\alpha$。对式（7.6）进行积分得：

$$\sigma_r=Cr^{2(k_1-1)}+S\frac{k_1}{k_1-1} \tag{7.7}$$

r_e 为变形区球形速度场最小曲率半径；R 为变形区球形速度场最大曲率半径。根据边界条件，当 $r=r_e$ 时，$\sigma_r=0$，得：

$$\sigma_r=-\frac{Sk_1}{k_1-1}\left[\left(\frac{r}{r_e}\right)^{2(k_1-1)}-1\right] \tag{7.8}$$

因为 $r>r_e$，$k_1>1$，则 $\sigma_r<0$，即 σ_r 为压应力。在以下计算时 σ_r 取正值。当 $r=R$ 时：

$$\sigma_r\big|_{r=R}=\frac{Sk_1}{k_1-1}\left[\left(\frac{R}{r_e}\right)^{2(k_1-1)}-1\right] \tag{7.9}$$

总变形力：

$$F=\frac{1}{4}\pi(D_0^2-d_0^2)\sigma_r\big|_{r=R} \tag{7.10}$$

将 $r_e=d_0/(2\sin\alpha)$，$R=D_0/(2\sin\alpha)$，式（7.9）代入式（7.10）得：

$$F=\frac{1}{4}\pi\,(D_0^2-D_i^2)\,\frac{Sk_1}{k_1-1}\left[\left(\frac{D_0}{d_0}\right)^{2(k_1-1)}-1\right] \tag{7.11}$$

平均变形力为：

$$p = \frac{4F}{\pi D_0^2} = \frac{D_0^2 - D_i^2}{D_0^2} \times \frac{Sk_1}{k_1 - 1} \left[\left(\frac{D_0}{d_0} \right)^{2(k_1 - 1)} - 1 \right] \qquad (7.12)$$

式中，σ_r 为变形区单位挤压力，MPa；$k_1 = 1 + \mu_1 / \tan\alpha + \mu_2 / \sin\alpha$；$S$ 为屈服应力，MPa；D_0，D_i 分别为挤压坯料外径和内径，mm；d_0，d_i 分别为挤压管材外径和内径，mm，$d_i = D_i$；α 为挤压凹模锥半角；μ_1 为变形区金属与挤压套之间摩擦系数；μ_2 为变形区金属与挤压针之间摩擦系数。

（2）实验验证

将式（7.12）的管材挤压力计算模型应用于高温合金 GH4169 管材挤压成形中，得到的理论计算结果与实验值相吻合，最大相对误差为 16.2%，如图 7.26 所示，其中坯料为 $\phi85\text{mm} \times 31.5\text{mm}$，挤压管材为 $\phi36\text{mm} \times 7\text{mm}$。图 7.27 为高温合金 GH1140 和 GH163 管材挤压力模型计算值与实验值比较，最大相对误差为 14.6%，

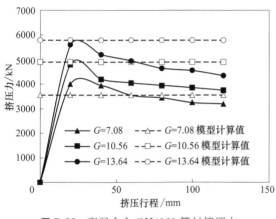

图 7.26　高温合金 GH4169 管材挤压力模型计算值与实验值比较

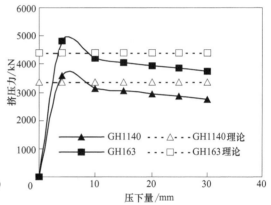

图 7.27　高温合金 GH1140 和 GH163 管材挤压力模型计算值与实验值比较

研究结果表明：①随着摩擦系数的增大，挤压力随之增大，金属变形不均匀。随着挤压比增大，晶粒减小和再结晶体积分数在增大。②挤压出的管材头部和尾部质量较差，中段组织均匀。挤压温度和挤压比对 IN690 高温合金管材的挤压力和挤压组织均有显著影响。管材挤压组织随着挤压温度的升高，其再结晶体积分数和再结晶晶粒尺寸增大；管材挤压组织随着挤压比的增大，其再结晶体积分数增大，再结晶晶粒尺寸减小。③采用挤压工艺获得了合格高温合金管材，确定了孪晶与母体晶粒有着 <111>/60° 的取向差关系，高温合金 IN690 挤压变形后存在较多的 60° 的大角晶界，IN690 晶界以 $\Sigma3$ 重位点阵为主体。通过分析挤压参数对重点阵晶界比例和织构的影响规律，得到合适的挤压工艺参数，即变形温度 1200℃，挤压比 5.00。

参考文献

[1] 冶军. 美国镍基高温合金 [M]. 北京：科学出版社，1978.

[2] 黄乾尧，李汉康，等. 高温合金 [M]. 北京：冶金工业出版社，2000.

[3] 师昌绪. 中国高温合金四十年 [M]. 北京：中国科学技术出版社，1996.

[4] Dutta R S. Development of Ni-Cr-Fe based steam generator tube materials [J]. Journal of Nuclear Materials，2007（5）：1-6.

[5] 宋志刚. 中国压水堆蒸汽发生器传热管的研究及国产化 [J]. 钢铁研究学报，2013，25（8）：1-5.

[6] 李慧，夏爽，周邦新，等. 镍基690合金时效过程中晶界碳化物的形貌演化 [J]. 金属学报，2009，45（02）：195-198.

[7] 郝宪朝，陈波，马颖澈，等. 热轧态Inconel690合金中碳化物的溶解和析出 [J]. 材料研究学报，2009，23（06）：668-672.

[8] Lim Y S，Kim J S，Kim H P，et al. The Effect of Grain Boundary Misorientation on the Intergranular $M_{23}C_6$ Carbide Precipitation in Thermally Treated Alloy 690 [J]. Journal of Nuclear Materials，2004，335（1）：108-114.

[9] 梁学锋，杨玉荣，沈飙，等. GH169合金涡轮盘680℃长期时效组织及其性能的变化规律 [J]. 材料工程，1996（01）：23-25.

[10] 张钱珍，程世长，刘正东，等. Inconel690合金TT处理后的析出相研究 [J]. 钢铁研究学报，2009，21（6）：40-44.

[11] Lee Wo-Shyan. Dynamic impact response and microstructural evolution of Inconel690 superalloy at elevated temperatures [J]. International Journal of Impact Engineering，2005，32（1-4）：210-223.

[12] 李硕，陈波，马颖澈，等. N含量对690合金显微组织和室温力学性能的影响 [J]. 金属学报，2011，47（07）：816-822.

[13] 李守军，何云华，张红斌. 坯料均匀化和固溶处理对GH690合金晶粒度及析出物分布的影响 [J]. 钢铁研究学报，2003，15（7）：391-393.

[14] 朱红，董建新，张麦仓，等. 固溶处理对Inconel690合金组织影响 [J]. 北京科技大学学报，2002，24（5）：511-513.

[15] 蔡大勇，张伟红，刘文昌，等. Inconel718合金δ相的溶解动力学 [J]. 中国有色金属学报，2006，16（8）：1350-1354.

[16] 王卫国. 电子背散射衍射技术在晶界工程中的应用 [J]. 中国体视学与图像分析，2007，12（4）：239-245.

[17] Xia S，Zhou B X. Effects of strain and annealing processes on the distribution of $\Sigma3$ boundaries in a Ni-based superalloy [J]. Scripta Materialia，2006，54：2019-2022.

[18] 方晓英，王卫国，周邦新. 金属材料晶界特征分布（GBCD）优化研究进展 [J]. 稀有金属材料与工程，2007，36（8）：1500-1504.

[19] 郑磊，焦少阳，董建新，等. 镍基高温合金690等温热处理过程中晶界碳化物和贫铬区演化规律 [J]. 机械工程学报，2010，46（12）：48-52.

[20] Lehockev E M，Palumbo G，Lin P，et al. On the relationship between grain boundary character distribution and intergranular corrosion [J]. Scripta Materialia，1997，36（10）：1211-1218.

[21] Fields D S，Bachofen W A. Determination of strain hardening characteristics by torsion testing [J]. Proceedings

of the American Society for Horticultural Science，1957，57：1259-1272.

［22］ Takuda H，Morishita T，Kinoshita T，et al. Modeling of formula for flow stress of a magnesium alloy A231 sheet at elevated temperatures ［J］. Journal of Materials Processing Technology，2005（164-165）：1258-1262.

［23］ Gordon R Johnson，William H Cook. Fracture characteristics of three metals subjected to various strains，strain rates，temperatures and pressures ［J］. Engineering Fracture Mechanics，1985，21（1）：31-48.

［24］ Sellars C M，Mctegart W J. On the mechanism of hot deformation ［J］. ACTA Metallurgica，1966，14：1136-1138.

［25］ 邱仟，王克鲁，鲁世强，等. SP700 钛合金高温流动行为及本构关系 ［J］. 材料热处理学报，2021，42（02）：145-151.

［26］ 刘建军，王克鲁，鲁世强，等. Ti-25Nb 合金的热变形行为及本构关系模型 ［J］. 塑性工程学报，2020，27（06）：148-154.

［27］ 余新平. 环轧态 Ti40 钛合金热变形组织演变及本构关系研究 ［J］. 塑性工程学报，2018，25（05）：228-233.

［28］ 蔡明，陈伟，陈利强，等. TC8 钛合金的动态力学性能及本构关系 ［J］. 机械工程材料，2020，44（12）：80-84.

［29］ 孙朝阳，刘金榕，李瑞，等. Incoloy 800H 高温变形流动应力预测模型 ［J］. 金属学报，2011，47（02）：191-196.

［30］ Lesuer D R，Syn C K，Whittenberger J D，et al. Flow stresses in metal laminates and pure metals during high temperature extrusion ［J］. International Journal of Plasticity，2002，18（2）：155-184.

［31］ Raj R. Development of a processing map for use in warm forming and hot forming processes ［J］. Metallurgical Transactions A，1981，12：1089.

［32］ Prasad Y V R K，Gegel H L，Doraivelu S M，et al. Modeling of dynamic material behavior in hot deformation：forging of Ti-242 ［J］. Metallurgical Transactions，1984，15A：1883.

［33］ Murthy S，Rao B N. On the flow localization concepts in the processing maps of titanium alloy Ti-24Al-20Nb ［J］. Journal of Materials Processing Technology，2000，104（1-2）：103-109.

［34］ 黄顺喆，厉勇，王春旭，等. Prasad 与 Murthy 流变失稳准则下 9310 钢热加工图的建立与分析 ［J］. 钢铁，2014，49（7）：107-113.

［35］ 李昌民，谭元标，赵飞. Inconel 718 高温合金流变曲线修正及热加工图 ［J］. 稀有金属，2020，44（06）：585-596.

［36］ 吕亚成，任运来，聂绍珉. 基于热加工图的 690 合金挤压工艺参数研究 ［J］. 塑性工程学报，2009，16（6）：39-44.

［37］ Sellars C M，Whiteman J A. Recrystallization and grain growth in hot rolling ［J］. Metal Science，1979，13（3）：187-194.

［38］ Anelli E. Application of trolled cooling mathematical of wire rods modelling and bars ［J］. ISIJ International，1992，32（3）：440-449.

［39］ Medeiros S C，Prasad Y，Frazier W G，et al. Modeling grain size during hot deformation of IN 718 ［J］. Scripta Materialia，1999，42（1）：17-23.

［40］ Thomas A，El-Wahabi M. High temperature deformation of Inconel 718 ［J］. Journal of Materials Processing Technology，2006，177：469-472.

［41］ Sah J P，Richardson M J，Sellars C M. Grain size effects during dynamic recrystallisation of nickel ［J］. Metal Science，1975，8（10）：325-329.

［42］ 陈礼清，隋凤利，刘相华. Inconel718 合金方坯粗轧加热过程晶粒长大模型 ［J］. 金属学报，2009，45（10）：1242-1248.

［43］ 杨晓红，张士宏，王忠堂，等. GH4169 合金等温条件下晶粒长大模型研究 ［J］. 沈阳理工大学学报，2007，26（3）：64-68.

［44］ Melvin Avrami. Kinetics of Phase Change Ⅰ General Theory ［J］. Journal of Chemical Physics，1939，7：1103-1112.

［45］ Avrami M P. Granulation，Phase Change，and Microstructure Kinetics of Phase Change. Ⅲ ［J］. Journal of Chemical Physics，1941（9）：177-184.

［46］ 丰涵，宋志刚，等. 固溶处理对 Inconel690 合金组织和力学性能的影响 ［J］. 钢铁研究学报，2009，21（3）：46-50.

［47］ Luton M J，Sellars C M. Dynamic recrystallization in nickel and nickel-iron alloys during high temperature deformation ［J］. Acta Metallurgica，1969，17（8）：1033-1043.

［48］ Peng H J，Li D F，Guo Q M et al. Effect of deformation conditions on the dynamic recrystallization of GH690 alloy ［J］. Rare Metal Materials and Engineering，2012，41（8）：1317-1322.

［49］ Wang Z T，Zhang S H，Yang X H，et al. Kinematics and dynamics model of gh4169 alloy for thermal deformation ［J］. Journal of Iron and Steel Research International，2010，17（7）：75-78.

［50］ Ryan N D，Kocks U F. A review of the stages of work hardening ［J］. Solid State Phenomena，1993，35（36）：1-18.

［51］ Poliak E I，Jonas J J. A one-parameter approach to determining the critical conditions for the initiation of dynamic recrystallization ［J］. Acta Materialia，1996，44（1）：127-136.

［52］ Abbas Najafizadeh，John J Jonas. Predicting the critical stress for initiation of dynamic recrystallization ［J］. ISIJ International，2006，46（11）：1679-1684.

［53］ Murty S，Rao B N. On the development of instability criteria during hotworking with reference to IN 718 ［J］. Materials Science & Engineering A，1998，254（1-2）：76-82.

［54］ 夏玉峰，赵磊，余春堂. 42CrMo 钢动态再结晶的临界条件 ［J］. 材料热处理学报，2013，34（4）：74-79.

［55］ 欧阳德来，鲁世强，崔霞. 应用加工硬化率研究 TA15 钛合金 β 区变形的动态再结晶临界条件 ［J］. 航空材料学报，2010，30（2）：17-23.

［56］ 王忠堂，邓永刚，张士宏. 基于加工硬化率的高温合金 IN690 动态再结晶临界条件 ［J］. 材料热处理学报，2014，35（7）：193-197.

［57］ Karhausen K，Kopp R. Model for intergrated process microstructure simulation in hot forming ［J］. Steel Research，1992，63：247-266.

［58］ 毛艺伦，张清东，孙朝阳. 高温合金管材挤压变形及挤压工艺的流函数法研究 ［J］. 北京科技大学学报，2011，33（04）：449-454.

［59］ 王珏，董建新，张麦仓，等. GH4169 合金管材正挤压工艺优化的数值模拟 ［J］. 北京科技大学学报，2010，32（01）：83-88.

［60］ 孙朝阳，刘金榕，李瑞，等. 工艺参数对 IN690 合金管材热挤压出口温度的影响 ［J］. 北京科技大学学报，2010，32（11）：1483-1488.

［61］ Rappaz M，Gandin C H A. Probabilistic modelling of microstructure formation in solidification processes ［J］. Acta Metal，1993，41（2）：345-360.

［62］ Gandin C H A，Rappaz M，Tintillier R. 3-Dimensional simulation of the grain formation in investment castings ［J］. Metallurgical Transactions，1994，25（3）：629-635.

［63］ Goetz R L，Seetharaman V. Modeling dynamic recrystallization using cellular automata ［J］. Scripta Mater，1998，38：405-413.

［64］ He Y，Wu C，Li H W，et al. Review on cellular automata simulations of microstructure evolution during metal forming process：Grain coarsening，recrystallization and phase transformation ［J］. Science China Technological Sciences，2011，54（8）：2107-2118.

［65］ 张林，张彩碚，王元明，等. 连续冷却过程中低碳钢奥氏体-素体相变的元胞自动机模拟 ［J］. 金属学报，2004，40（1）：8-13.

［66］ 张航，许庆彦，史振学，等. DD6 高温合金定向凝固枝晶生长的数值模拟研究 ［J］. 金属学报，2014，50（03）：345-354.

［67］ 徐倩虹，张驰，张立文，等. Nimonic 80A 高温合金静态再结晶行为元胞自动机模拟 ［J］. 塑性工程学报，2018，25（06）：236-243.

［68］ 郭钊，周建新，沈旭，等. 改进元胞自动机法数值模拟高温合金凝固过程枝晶生长行为 ［J］. 机械工程材料，2020，44（02）：65-72.

［69］ Zhang S H，Wang Z T，Qiao B. Research on processing and microstructural evolution of superalloy Inconel 718 during hot tube extrusion ［J］. Journal of Materials Science and Technology，2005，21（2）：175-178.